印象 园博

Impression of Garden Expo

河北省第四届（邯郸）园林博览会
THE 4TH (HANDAN) GARDEN EXPO OF HEBEI PROVINCE

《印象园博——河北省第四届（邯郸）园林博览会》编委会 编

中国林业出版社
China Forestry Publishing House

图书在版编目（CIP）数据

印象园博：河北省第四届（邯郸）园林博览会 /
《印象园博——河北省第四届（邯郸）园林博览会》编委会编.
-- 北京：中国林业出版社，2021.6
ISBN 978-7-5219-1175-6

Ⅰ.①印… Ⅱ.①印… Ⅲ.①园林－博览会－介绍－
邯郸 Ⅳ.①S68-282.223

中国版本图书馆CIP数据核字(2021)第097156号

《印象园博——河北省第四届（邯郸）园林博览会》编委会

名誉主任：	康彦民　　张维亮
主　任：	李贤明　　潘利军　　杜树杰　　王彦清
副主任：	朱卫荣　　王　哲　　温炎涛　　陈玉建
主　编：	岳　晓　　李少锋　　白建功　　李　杰　　李同强
副主编：	王　旭　　朱新宇　　武荣芳　　赵慧菊
执行主编：	齐凤华　　王炜炜
编写人员：	王如安　　李振刚　　张生峰　　黄海玲
视觉总监：	张晓鸣
图片提供：	张晓鸣　　杨振嵩　　刘荣彪
文字编辑：	李　娜　　李　清
美术编辑：	王　婷
策划执行：	北京山水风景科技发展有限公司

中国林业出版社·建筑家居分社
责任编辑：李　顺　　王思源

出版：中国林业出版社（100009 北京市西城区刘海胡同7号）
网站：http://www.forestry.gov.cn/lycb.html
印刷：北京博海升彩色印刷有限公司
发行：中国林业出版社
电话：（010）8314 3573
版次：2021年6月第1版
印次：2021年6月第1次
开本：1/16
印张：13
字数：200千字
定价：338.00元

前言 PREFACE

　　河北省第四届（邯郸）园林博览会（以下简称"园博会"）于2020年9月16日在邯郸盛大开幕，11月28日顺利闭幕。本届博览会由河北省住房和城乡建设厅主办，邯郸市复兴区承办，以"山水邯郸，绿色复兴"为主题，"生态、共享、创新、精彩"为宗旨，践行"海绵城市"与"城市双修"的理论，将成为绿美邯郸的名片、讲述邯郸故事的平台和邯郸生态后花园。

　　本届园博会的选址位于邯郸城区西部的传统老工业区。传统工业的发展，造成生态环境的压力较大，随着邯郸钢铁集团有限责任公司（以下简称"邯钢"）的外迁以及新的环城水系的建设，西部发展迎来机遇，园博园的建设为城市注入了新的活力。

　　本届园博会的主会址建设遵循"城市双修，乡村振兴"理念，按照"世界眼光、国际标准、河北一流、邯郸特色"标准，通过高低起伏的地势地貌融合"海绵城市""智慧城市"等现代元素，将"上山入水、因地用势、博古通今、溯源启新"的整体思路贯穿全园。全园包括7个分区，分别是核心文化游览区、地域特色展示区、生态修复实践区、湿地保育区、钢城农趣服务区、奇村民俗体验区和涧沟村农旅文化区。核心文化游览区，充分展现了园林的艺术内涵；地域特色展示区，由展现邯郸文化的文化主题园、展示新型农业的观光农业展示园和母子公园组成；生态修复实践区，主要展示生态修复技术和湿地净化技术，包括以矿坑修复为理念的矿坑花园、展现中水净化技术的清渠如许等；湿地保育区，由以齐村水库改造而成的芳草寻鹤构成；钢城农趣服务区，以农业展示及售卖、园区集中配套服务为主；奇村民俗体验区，突出食宿购，打造民俗体验；涧沟村农旅文化区，突出涧沟文化，打造农旅文化区。在这7个分区内部，共设有一处主展馆、多处特色展馆和多处景观节点。

　　园区总占地面积2.828km²，其中核心游览区面积1.23km²。园址东侧紧邻西外环路，西抵南水北调主干渠，南至邯武快速路，北至新邯武公路（309国道）。交通出行便利，距离市中心8.5km，距离邯郸机场15km，距离邯郸东站14km，距离邯郸站和邯郸汽车客运站7km，区位优势明显。邯郸市借助举办园博会、建设园博园之际，进一步优化城市格局，用风景园林提升城市品位，传承历史文脉，带动生态发展，为人民创造了优质的休闲娱乐空间。

　　本届园博会考虑疫情防控需要，本着"生态、共享、创新、精彩"原则，坚持从简集约办会，期间共举办了十几项活动，涵盖学术交流、展览展示、文化娱乐、奖项评选以及商务洽谈等多方面，内容丰富多彩。同时，本届园博会还将邯西生态区全民健身活动、邯郸市第五届旅游产业发展大会（以下简称"旅发大会"）、"大爱园博"系列百姓共享园博等精彩活动贯穿其中，备受市民欢迎。

　　邯郸市吸收使用"新科技、新材料、新工艺"，在节省建设运营成本的同时，把第四届园林博览会打造成了别具特色、亮点纷呈、永不落幕的全民盛会。

目录 CONTENT

前言 *003*
PREFACE

山水邯郸重塑古城风采，绿色复兴引领文化传承 *006*
HANDAN LANDSCAPE REBUILDS THE GLAMOUR OF THE ANCIENT CITY
GREEN REVIVAL LEADS THE CULTURAL INHERITANCE

- 008　河北省第四届（邯郸）园林博览会开幕式
- 018　游览园博园，共赏园博会
- 020　风景园林国际学术交流会
- 026　古树名木保护成就展
- 030　河北省第四届园博会展园评奖活动
- 032　河北省园博会与城市园林绿化高质量发展研讨会
- 036　河北省大学生风景园林文化节系列活动
- 042　中国技能大赛·2020年河北省园林技能竞赛
- 046　复兴1957·艺术街区改造项目成功签约
- 050　第三届河北国际城市规划设计大赛成果展
- 052　工业遗产转型复兴国际学术交流会

生态修复打造绿色园博，山水相依书写诗情画境 *054*
ECOLOGICAL RESTORATION CREATING THE GREEN GARDEN EXPO
LANDSCAPE FORMING A POETIC ENVIRONMENT

- 056　石家庄·烛华园
- 062　唐山·鸣凤园
- 068　秦皇岛·花间徉
- 074　保定·铭心园
- 080　张家口·冬梦园
- 086　承德·承贤园
- 092　沧州·风雅沧州
- 098　廊坊·幸福廊坊
- 104　衡水·儒乡园
- 110　邢台·筑梦园

116	辛集·鹿鸣墨韵
122	定州·悦音园

赵都新韵尽展特色文化,金戈铁马回望历史风华 *128*
ZHAODUXINYUN SHOWS THE UNIQUE CULTURE
HISTORICAL ELEGANCE SHOWS THE WAR SYMBOLS

130	邯郸·赵都新韵
138	山水邯郸

清渠如许探寻古风遗痕,青山画卷逐梦芳草寻鹤 *142*
QINGQURUXU SHOWS HISTORIC MARK
QINGSHANHUAJUAN DREAMS ABOUT FANGCAOXUNHE

144	浮光揽月
146	青山画卷
148	工业遗址园
150	矿坑花园
152	涧沟陈展馆
154	清渠如许
156	芳草寻鹤
158	梦泽飞虹
160	观光农业展示园
161	逐梦园
162	醉香园
163	结草园
164	诗词园
165	母子公园

浮光览月沉醉诗词幻境,梦泽飞虹洞见结草之美 *166*
FUGUANGLANYUE IS INTOXICATED WITH THE DREAMLAND OF POETRY
MENGZEFEIHONG SEIZES THE BEAUTY OF GRASS

168	山水邯郸 文艺汇演
178	邯郸市非物质文化与城市生活系列活动
186	邯西生态区全民健身系列活动
190	"大爱园博"系列主题活动
194	"精彩园博·十月花香"书画摄影作品展
198	邯郸市第五届旅发大会嘉宾观摩园博园
200	河北省第四届(邯郸)园林博览会闭幕式

河北省第四届(邯郸)园林博览会会歌 *206*
THE ANTHEM OF THE 4TH (HANDAN) GARDEN EXPO IN HEBEI PROVINCE

冀 山水邯郸重塑古城风采
绿色复兴引领文化传承

HANDAN LANDSCAPE REBUILDS THE
GLAMOUR OF THE ANCIENT CITY
GREEN REVIVAL LEADS THE CULTURAL INHERITANCE

河北省第四届（邯郸）园林博览会开幕式
OPENING CEREMONY OF THE 4TH (HANDAN) GARDEN EXPO IN HEBEI PROVINCE

袁桐利

河北省委常委、省政府常务副省长

张维亮

邯郸市委书记、市长

康彦民

河北省住房和城乡建设厅厅长
河北省园博会组委会副主任

2020年9月16日，由河北省住房和城乡建设厅主办、邯郸市人民政府承办的河北省第四届（邯郸）园林博览会暨第三届河北国际城市规划设计大赛在邯郸市园博园盛大开幕。

河北省委常委、省政府常务副省长袁桐利在会上讲话并宣布开幕。邯郸市委书记、市长张维亮介绍省第四届园林博览会和第三届河北国际城市规划设计大赛总体情况。省住房和城乡建设厅厅长、省园博会组委会副主任康彦民主持开幕式。中国科学院院士王焰新，中国工程院院士卢耀如，省领导王会勇、苏银增出席开幕式。

袁桐利代表省委、省政府向出席开幕式的与会嘉宾表示诚挚欢迎。他指出，今年以来，面对突如其来的严重疫情，省委、省政府坚决贯彻落实习近平总书记重要指示精神和党中央、国务院决策部署，在做好常态化疫

2020 . 印象园博
HANDAN　Impression of Garden Expo

情防控前提下,全力抓好"六稳""六保"任务落实,推动经济运行持续企稳向好,取得显著成效。他表示,作为推动城市创新发展、绿色发展、高质量发展的重要平台,河北省园林博览会已成功举办三届,大幅提升了所在区域的蓝绿空间占比,优化了城市空间布局,建成后的园博园也成了生态修复新样板、城市建设新名片、文化交流新平台。

　　本届园博会以"山水邯郸,绿色复兴"为主题,遵循"城市双修,乡村振兴"理念,按照"世界眼光、国际标准、河北一流、邯郸特色"的标准,将"上山入水、因地用势、博古通今、溯源启新"的整体设计思路贯穿全园,高低起伏的地势地貌融合"海绵城市""智慧城市"等现代元素,精耕细作、追求卓越,打造园林经典。本届园博会展园面积 2.828km^2,水系面积约 0.6km^2、绿化面积约 2.2km^2,建筑总面积约 5.5 万 m^2。建有展馆展园 27 个,其中城市展园 13 个,现代建筑展馆 5 个,特色展园、游园 9 个,景观桥 1 座,配套服务设施 23 个。

2020 · 印象园博
HANDAN Impression of Garden Expo

2020·印象园博
HANDAN Impression of Garden Expo

本届园博会以"生态、共享、创新、精彩"为目标，突出"节俭办会"原则，充分借鉴历届园博会举办的成功经验，压缩会期活动，策划7类共18项活动，内容涵盖学术交流、园林展示、文化创意、商业洽谈等多个方面。并将第三届河北国际城市规划设计大赛、风景园林学术交流、邯西生态区全民健身活动、邯郸市第五届旅发大会、"大爱园博"系列百姓共享园博等精彩活动贯穿其中。

同步举办的第三届河北国际城市规划设计大赛，由河北省住房和城乡建设厅、河北省自然资源厅共同主办，以邯钢搬迁为契机，邀请国内外一流规划设计大师团队和一流高等院校学生参与，对搬迁后的邯钢片区进行规划设计，对城市小微空间开展设计，综合研究"后工业时代"城市转型升级路径，引领工业区遗址规划设计方向，开启河北省园博会和规划设计大赛新篇章。

河北省第四届（邯郸）园林博览会
The 4th (Handan) Garden Expo of Hebei Province

2020 · 印象园博
HANDAN Impression of Garden Expo

河北省第四届（邯郸）园林博览会
The 4th (Handan) Garden Expo of Hebei Province

游览园博园，共赏园博会
VISITING THE GARDEN EXPO AND ENJOY THE EXPO TOGETHER

2020 . 印象园博
HANDAN　Impression of Garden Expo

　　2020年9月16日，河北省第四届（邯郸）园林博览会开幕式当天上午，来自河北省内外的各界领导和嘉宾朋友参观游览了本届园博会举办地点——邯郸市园博园，并观看了规划设计大赛成果展和古树名木保护成就展。

　　由于正值疫情期，游园活动采取实地观摩＋网络直播形式，开幕式当天线下参会人员采取分组、分线、错时观摩的形式，重点观赏园博会主场馆、地市园及邯西生态片区。利用直播、抖音等形式和5G网络平台对园博园各场馆和景观节点进行网上直播、网上推介。

河北省第四届（邯郸）园林博览会
The 4th (Handan) Garden Expo of Hebei Province

风景园林国际学术交流会
LANDSCAPE ARCHITECTURE INTERNATIONAL ACADEMIC CONFERENCE

为扩大河北省第四届（邯郸）园林博览会活动影响力，分享邯郸生态文明建设成果，汇集采纳全球智慧，2020年9月16—17日，举办了以"健康宜居与城市可持续发展"为主题的风景园林国际学术交流活动。众多院士、国际组织领导、国际大师及国内外专家通过现场演讲或网络直播方式，就绿色空间营造、城市韧性、公园城市、城市生态、城市设计与城乡风貌等话题展开交流研讨，为城市未来发展献计献策。

邯郸市副市长杜树杰主持交流会开幕式。他介绍，邯郸是文化厚重、风景宜人的历史之城。随着邯郸工业化、城市化进程的加速，城市生态环境的压力也随之越来越大，为贯彻落实习近平生态文明思想和公园城市建设工作的指示精神，迫切需要一个更科学的理念、更高的目标来指导邯郸城市的健康发展。希望各位专家不吝赐教，为邯郸转型升级献计献策，提供新思路、新方案，同时也希望通过学术交流搭建一个开放共享、合作共赢的平台，推动邯郸城市建设。

河北省住房和城乡建设厅副厅长李贤明出席会议并发表致辞。他表示，河北省坚持生态优先绿色发展，以创建园林城市和举办省园博会为抓手，提升城市建设质量和品位，营造健康宜居的生态环境。此次会议将为推动可持续发展、打造健康宜居生态环境、建设美丽宜居公园城市带来更多的思考与启示，对推动河北生态文明建设创新发展、绿色发展、高质量发展，产生积极而深远的影响。

亚洲园林协会主席、马来西亚博特拉大学建筑学院院长奥斯曼·莫哈末·塔希尔也通过视频发表致辞，希望来自不同背景和专业知识的演讲者和参会嘉宾分享观点、技术、经验和资源，以帮助大家拥有更高质量的生活。

开幕式之后，中国工程院院士、亚洲园林协会名誉主席、同济大学教授卢耀如，中国科学院院士、中国地质大学（武汉）校长王焰新，中国科学院院士、国际水资源协会主席夏军，新加坡国立大学设计与环境学院原院长王才强，北京林业大学副校长、中国风景园林学会副理事长李雄，北京大学城市与环境学院教授、未来城市实验室主任冯长春，奥雅设计董事长兼首席设计师李宝章等专家分别做了主旨演讲。

　　2020年9月16日晚,国际景观大师、哈佛大学终身教授玛莎·施瓦茨做了题为《应对气候危机的设计》的专题报告。她结合中国城市的发展状况提出气候变化带来的风险迫在眉睫,景观师可通过设计生活空间来应对气候变化。之后,中央美术学院建筑学院副院长周宇舫、奥雅设计董事长兼首席设计师李宝章、英国奥雅纳集团城市创新中心总经理张祺等专家与玛莎·施瓦茨进行对话,就中西方景观语境、未来景观发展趋势等话题进行了深入交流。

　　9月17日全天,举行了4场主题论坛,其中两场完全以网络直播形式进行。来自美国、英国、荷兰、法国、泰国等国,哈佛大学、麻省理工学院、天津大学、同济大学等高校,以及思邦、怡境、笛东、赛肯思等知名企业专家分享新理念,展示新案例,为邯郸市和河北省风景园林建设与未来城市发展提供了许多有益启示。

　　由于疫情影响,本次大会实行创新式云端模式。大会期间,通过智能视频直播技术实时连线全球专家,并利用微博、抖音等新媒体手段进行传播分享,让不在会场者也能如同身临其境,感受园博精彩,聆听专家智慧。

　　本次国际学术交流会由河北省住房和城乡建设厅主办,邯郸市人民政府承办,亚洲园林协会支持,中国风景园林网、国际设计网策划执行,是园博会一项重要活动内容。

李贤明

河北省住房和城乡建设厅副厅长

杜树杰

邯郸市副市长

卢耀如

中国工程院院士

王焰新

中国科学院院士

河北省第四届（邯郸）园林博览会
The 4th (Handan) Garden Expo of Hebei Province

古树名木保护成就展
ACHIEVEMENT EXHIBITION OF ANCIENT AND FAMOUS TREES

古树名木是中华民族悠久历史与文化的象征。我国各地古树名木众多，仅北京就有4万余株。历经沧桑的古树名木保存了弥足珍贵的物种资源，孕育了自然绝美的生态奇观，更承载了人类发展的历史积淀。它不仅仅是祖先留给后人的财富，同时也是见证历史、探索自然奥秘的活文化。

2017—2019年，河北省完成69株千年以上，或具有重要文化景观价值的古树基因采集，其中每株古树培育20棵左右基因苗，目前的繁殖技术已实现落叶阔叶树种成活率达到70%以上，为古树名木基因库的建立提供了技术保障。

邯郸市地处河北省南部，西依巍峨太行山，东接华北平原，晋冀鲁豫四省交界处，因邯山至此而尽得名，属国家级历史文化名城，中国成语典故之都。邯郸独特的自然条件和浓厚的历史文化，孕育着丰富的古树名木资源。据统计，目前全市共有古树名木12715株，其中一级古树名木482株，二级古树314株，三级古树11919株。

河北省第四届（邯郸）园林博览会
The 4th (Handan) Garden Expo of Hebei Province

　　本届园博会上，为更好地引导民众了解、保护古树名木，倡导生态文明建设，共建美丽家园，依托于河北省住房和城乡建设厅的大力支持，园内设置了古树名木展示园，为广大民众提供了一个了解古树名木知识的窗口，同时也提供了一个开展古树保护教育的科普场所。通过参观讲解，培养民众、特别是青少年树立爱护古树名木的意识。

　　展示园以单元的形式分为3个展区：第一单元，古树艺苑；第二单元，重现生机；第三单元，古树乡愁。整个展览采用通俗易懂、生动形象的图文进行介绍，让参观者能更加直观地了解古树名木的价值，意识到保护古树名木，人人有责。

2020 · 印象园博
HANDAN　Impression of Garden Expo

河北省第四届（邯郸）园林博览会
The 4th (Handan) Garden Expo of Hebei Province

河北省第四届园博会展园评奖活动
REVIEW CONFERENCE OF GARDENS IN THE 4TH GARDEN EXPO OF HEBEI PROVINCE

2020年10月12—13日和11月9-10日，河北省住房和城乡建设厅组织5位省外专家到邯郸市园博园进行评奖工作。

根据《河北省园林博览会申办办法》，为鼓励创新创造，发挥精品示范作用，推进城市园林绿化高质量发展，同时也为了鼓励参加省园博会的室外展园和各项展览活动的组织者、建设者与设计者，河北省园博会组委会办公室组织制定了《河北省园林博览会评奖办法》和《河北省园林博览会评奖标准》，对园博会各市展园设计、施工、组织等进行评奖。

河北省园博会与城市园林绿化高质量发展研讨会

SEMINAR ON HEBEI GARDEN EXPO AND HIGH QUALITY DEVELOPMENT OF URBAN LANDSCAPING

2020·印象园博
HANDAN　Impression of Garden Expo

2020年11月19日,由河北省住房和城乡建设厅主办,邯郸市人民政府承办,亚洲园林协会、园冶杯组委会联合主办的"河北省园博会与城市园林绿化高质量发展研讨会"在邯郸顺利召开。近年来,"园博效应"成了城市转型发展的助推器。园博会不仅提供了绿色重生和生态修复的鲜活范本,在城市原始肌理上塑造着百变创意空间,也助力着城市复兴新格局的全面发展。在园博会期间举办的本次研讨会,集聚知名专家学者进行了主题演讲与座谈交流,探讨园博会建设与运营、展园创意设计、园博与文旅、园博创新与可持续发展等话题,以园博会为引擎,实现可持续发展、永续利用的高质量绿色生态家园。

研讨会听取了河北省第五届(唐山)园博会城市展园建设进展情况及下一步安排汇报,就"十四五"期间各地城市园林绿化高质量发展、园博园后期运营管理和新形势下园博会发展等工作进行了深入研讨。河北省住房和城乡建设厅党组成员、副厅长李贤明出席研讨会并发表意见。

对于园博会的发展以及园博园后期运行管理问题,李贤明表示,全省各相关负责部门一定要坚持创新发展理念,既要持之以恒、打造永不落幕的园博会,又要不断解放思想、拓展思路,创新工作举措,积极探索新模式、新方法,进一步充分发挥园博会作用,绝不能满足于现有成绩,止步不前。唐山市要加快第五届园博会承办的各项统筹工作,安排好规划设计大赛以及会期各项活动,确保按时、高质量完成建园办会任务。沧州市要抓紧完善第六届园博会总体规划设计方案,加快推进园博园内拆迁、用地手续等工作。

对于"十四五"期间城市园林绿化高质量发展问题，李贤明强调首先要做好全局谋划和主要工作规划。各地要结合"十三五"收官，认真开展各项工作的收尾与评估，查找问题与不足，按照全省任务目标，高标准编制好"十四五"园林行业发展规划，确定园林绿化指标和建设任务，每项指标都要有项目支撑。要尽快启动绿地系统规划修编，充分利用此次修编机会，在城区扩建、城市更新改造过程中，保障城市绿化用地，补齐绿化短板，促进城市绿地稳步增长。

会议还围绕园林城市创建、"口袋公园"建设、2021年园林绿化任务安排等工作进行了研讨。

河北省第四届（邯郸）园林博览会
The 4th (Handan) Garden Expo of Hebei Province

河北省大学生风景园林文化节系列活动
ACTIVITIES OF LANDSCAPE CULTURAL FESTIVAL FOR STUDENTS IN HEBEI UNIVERSITIES

河北省大学生风景园林文化节启动仪式

2020年11月19日，2020河北省大学生风景园林文化节在邯郸市启动。河北省住房和城乡建设厅、河北省教育厅、河北城市园林绿化服务中心、河北省各市相关部门领导及河北省内高校师生、园林规划设计企业代表参加启动仪式。

河北省住房和城乡建设厅副厅长李贤明致辞。他表示，举办河北省大学生风景园林文化节，让青年走进园林，让园林深入校园，对更广泛地宣传园林文化，传播绿色发展、生态文明和美好生活理念，有着重要而深远的意义。

本届大学生风景园林文化节由河北省住房和城乡建设厅、河北省教育厅、共青团河北省委主办，邯郸市人民政府承办，邯郸市复兴区人民政府、邯郸市城市管理和综合行政执法局、邯郸市园林局及河北省内各大高校

协办，亚洲园林协会、园冶杯组委会联合主办。文化节期间，陆续举办了园林绿化人才培养研讨会、园博会进校园、微视频创作大赛、优秀设计评选等一系列活动。

河北省园林绿化人才培养研讨会

园林绿化人才培养研讨会为2020年河北省大学生风景园林文化节的系列活动之一。11月15日，河北省园林绿化人才培养研讨会在邯郸市举办。来自河北、天津、辽宁等地的专家汇聚一堂交流研讨，共同为园林人才培养"把脉"。当天上午，在河北农业大学园林与旅游学院院长、河北省风景园林学会副理事长黄大庄的主持下，沈阳建筑大学原校长、空间规划与设计研究院院长石铁矛，天津大学建筑学院副院长冯刚，中央美术学院建筑学院副院长周宇舫，中国风景园林学会规划设计分会副理事长、北京林业大学客座教授郑占峰分别做了主旨报告。石铁矛提出，要使城市人居环境变得更好，必须用相应的学科实践来改善环境。冯刚介绍了中西文化交融下的中国大学校园建筑与景观设计。周宇舫则以中央美院的教学实践为例，分享了"在地学习"模式的相关经验。下午，天津大学、河北师范大学、河北农业大学、河北工程大学、河北科技师范学院、河北建筑工程学院、唐山学院、河北美术学院、燕京理工学院等院校的专家们就高校教育与新时代园林发展共融、园林人才的可持续培养与就业等主题进行了深入研讨。专家们提出，高校风景园林及相关专业应根据社会发展情况调整设置，找准自身定位，增加科技含量，不断创新教学模式，并加强学科融合，多与地方产业发展相结合。大家普遍认为，学生参加园冶杯等竞赛活动，可以有效提升实践能力和就业竞争力。还提出要通过加强校际交流，联合培养适应社会需求的新型人才。

园博会进校园

2020 河北省大学生风景园林文化节系列活动之一"园博会进校园",以线上线下相结合的方式,在河北省内各大高校进行巡展、巡讲,让青年走近园林,让园林深入校园,弘扬中国优秀园林文化,传播绿色发展、生态文明和美好生活理念,受到了广大师生的欢迎。活动期间,园博园总体规划及各城市展园、主题展园、主要场馆等设计方案,在河北农业大学、石家庄铁道大学、河北科技师范学院、河北建筑工程学院、燕京理工学院等高校进行了专题巡展。同时,所有感兴趣的学子可以在线上观展,领略古城邯郸的新形象、新活力,感受园博园的生态修复与文化传承理念。主办方还邀请园博园规划设计单位、展园设计单位的主创设计师举办专业讲座,并与学子连线交流,介绍园博园的文化特色,分享园林规划设计经验。来自天津大学、同济大学等名校,清华同衡、苏州园林院、北林地景、源树景观、土人设计、知非即舍等规划设计机构专家的讲解,让大家对园博会、园博园有了更直观印象,专业能力和美学素养都得到了提升。

2020 · 印象园博
HANDAN　Impression of Garden Expo

河北省第四届（邯郸）园林博览会
The 4th (Handan) Garden Expo of Hebei Province

微视频创作大赛

为进一步贯彻落实习近平总书记关于生态文明建设的重要指示精神,展现邯郸园博会风采,传播园博之美,彰显古城邯郸的新风貌,河北省住房和城乡建设厅和邯郸市人民政府特举办园博会微视频创作大赛,鼓励高校师生走进园博园学习实践,激发大学生的创作热情。

微视频创作大赛共收到120个作品,拍摄风格丰富多彩,抖音话题热度持续高涨。29个进入复审的作品,由专家举行线上直播评审会,从流畅性、辨识度、内容性、主题性等进行打分,评出一、二、三等奖及优秀奖。

大学生优秀设计评选

设计营活动邀请国内外知名专家指导学生设计,服务于邯郸园林建设。活动发布以来,共有42组作品参赛,初审后14个作品入围晋级,以线上汇报方式参加了复审。专家根据创意性、艺术性、科学性、可持续性标准进行打分,评出一等奖1个、二等奖2个、三等奖3个、荣誉奖若干。11月26日,微视频大赛和优秀设计颁奖典礼在线上隆重举办,分别为微视频大赛和优秀设计的获奖作品颁发了奖项。

颁奖典礼结束后,河北工业大学建筑与艺术设计学院院长舒平宣布2020河北省大学生风景园林文化节圆满闭幕。河北省大学生风景园林文化节是园博会系列活动之一,期间组织全省高校师生和专业技术人员聚焦园博会,走进园博园,围绕园博会开展竞赛、展览、讲座等系列活动,以专业的视角传播园博会,弘扬中国优秀园林文化,展示邯郸城市新形象、新活力。

中国技能大赛·2020年河北省园林技能竞赛

SKILLS COMPETITION OF CHINA · HEBEI LANDSCAPE SKILLS COMPETITION IN 2020

青山画卷迎来精彩赛事，山水邯郸展现匠心花艺。2020年11月19日，中国技能大赛·2020年河北省园林技能竞赛全省决赛在河北省邯郸园博园内举办。河北省住房和城乡建设厅副厅长李贤明讲话并宣布竞赛开幕，邯郸市委常委、副市长高建强致辞。开幕式由河北省城市园林绿化服务中心主任温炎涛主持。

此次竞赛由河北省住房和城乡建设厅、河北省人力资源和社会保障厅、共青团河北省委、河北省林业和草原局共同主办，河北省城市园林绿化服务中心、河北省经济林与花卉中心、河北省花卉协会、邯郸市文化广电和旅游局、邯郸市城市管理和综合行政执法局承办。

李贤明指出，河北省住房和城乡建设厅把高技能专业人才培养作为推进城市高质量发展的重要支撑，充分利用园林技能竞赛平台，以赛促学，以赛促建，推动园林高技能人才队伍建设。园林技能竞赛已经成为河北省园林绿化行业培养和选拔高素质技能人才的重要方式。自2012年以来，河北省已经连续举办八届园林技能竞赛，先后有2000余名选手参赛，一大批园林绿化高技能人

才脱颖而出。他提出,要不断完善竞赛体系,提升竞赛质量,扩大竞赛影响力,将园林技能竞赛办出水平、办成品牌。

高建强表示,河北省园林技能竞赛在邯郸举办,有利于提高邯郸园林绿化、花卉园艺从业人员专业素质和专业技能,加快推进生态文明城市建设,有效提升河北省第四届园林博览会管理水平,为邯郸乃至全河北省城市园林绿化建设提供强有力的人才支撑。同时,也将进一步丰富园博会内容,提升园博会知名度,展示邯郸美好形象。

竞赛共设置3个项目,分别是园林景观设计创新竞赛、艺术插花竞赛、组合盆栽竞赛。艺术插花和组合盆栽已完成选拔赛,此次进行的是全省决赛,共有20个代表队,90余名选手参赛。这些选手均为35周岁以下的青年人,充分体现了竞赛培养园林绿化、花卉园艺青年高技能人才的主旨。园林景观设计创新竞赛突出实践性,

以石家庄、衡水两市提供的口袋公园待建项目为题，面向社会及高校征集方案，优秀设计方案将择优落地，助力河北省口袋公园建设。

本次竞赛每个项目设一等奖3名、二等奖6名、三等奖9名，对获得艺术插花、组合盆栽竞赛一等奖的作品，同时向河北省园林博览会组委会推荐授予专题展览奖；对园林景观设计创新竞赛获奖选手，由主办方给予一定数额奖金。根据具体获奖情况，获奖选手还将获得"河北省技术能手""河北省建设行业技术能手"等称号，并获得优先推荐参与"河北省青年岗位能手"评选的资格。竞赛主办方还建议获奖选手所在单位给予选手一次性物质奖励。

复兴1957·艺术街区改造项目成功签约
THE CONTRACT FOR THE RECONSTRUCTION PROJECT OF THE FUXING 1957 · ART BLOCK WAS SIGNED SUCCESSFULLY

2020年11月13日，邯郸市复兴区委书记潘利军带队到安徽合肥长江180艺术街区招商考察，并与麻椒音乐演出有限公司（合肥公司）就复兴1957·艺术街区改造项目成功签约。复兴区领导白建功、李勤芳、闫士剑，复兴区商务局、户村镇、复兴城投公司等相关单位主要负责人参加活动。

考察团一行到安徽合肥长江180艺术街区参观考察，并与长江180艺术街区董事长吕庆家、项目运营总监赵珊珊进行了座谈交流，详细了解了该艺术街区的建设以及运营情况。复兴区委书记潘利军向长江180艺术街区董事长吕庆家介绍了复兴区由工矿老区向生态新区的转型升级成效，以及复兴区在经济、区位、产业、文化等方面的发展优势，并欢迎该街区董事长吕庆家到复兴投资。该街区董事长吕庆家愉快地接受了区委书记潘利军的邀请，并将于近日到复兴区洽谈考察，进行深度合作。随后，邯郸市复兴城市和交通建设投资有限公司与麻椒音乐演出有限公司（合肥公司）就复兴1957·艺术街区改造项目深度洽谈，并成功签约。

复兴区委书记潘利军表示，希望麻椒音乐演出有限公司（合肥公司）学习借鉴北京798艺术街区、长江180艺术街区等一系列全国文创街区成功经验，结合辖区1957特钢厂厂区遗存，在保留原有生态景观、历史建筑、工业遗存的基础上，深挖特色，修旧利旧，打造成复兴区新的、具有代表性的文化旅游目的地。

复兴 1957·艺术街区项目，位于邯郸市西环路西，邯武快速路北，邯郸园博园南侧，是原邯郸市特钢厂旧厂房改造项目。项目总投资 1.5 亿元，总占地约 6.87hm²，总建设面积 2.37hm²。该项目利用特钢 1957 这个文化价值和文化精神符号，通过场景建构，打造邯郸市特色文化旅游基地。该项目在保护和展现特钢厂原始面貌的基础上，打造成钢铁文化+研学基地+休闲旅游综合街区。引导民众体验，重新演绎人生，实现体验重构，丰富民众精神生活；打造一个开放共享交流的平台，有助于鼓励创业、引导创新，不断为邯郸地方经济发展输入创意型人才；吸引国内外游客来邯旅游，深入了解邯郸文化，带动城市及周边城镇经济发展。

麻椒音乐演出有限公司（合肥公司）是一家集音乐创作、音乐演出、音乐版权收录的全资音乐公司。经过多场大型户外演出活动和多年的文化艺术事业发展，公司拥有了丰富的演出资源和经验，培养了一支年轻、高素质、充满活力的优秀团队。公司现有"麻椒音乐节""麻椒音乐艺术学校""麻椒音乐 Liev house"三个品牌，以摇滚音乐演出为起点，推动文化产业多元化发展。

第三届河北国际城市规划设计大赛成果展
EXHIBITION OF ACHIEVEMENTS OF THE 3RD HEBEI INTERNATIONAL URBAN PLANNING AND DESIGN COMPETITION

2020年9月16日,"为美丽河北而规划设计——第三届河北国际城市规划设计大赛"成果展在邯郸园博园正式举办。本次设计大赛以省园博会为载体,采用"一会一赛"模式,是在园博会承办城市邯郸同期举办的重要活动,也是提高城市规划设计水平和城市建设水平的重要着力点,邀请全球顶级设计大师,为城市提出综合性发展策略。

大赛包括"工业遗产转型复兴"邯钢片区城市设计国际大师邀请赛和"品质城市"国际青年设计师竞赛,两项赛事自1月16日启动至今,历经新闻发布会、实地踏勘、中期成果交流会及最终评选会等重要节点,历时8个月。本次成果展是这两项赛事设计成果的集中展现,同步开设虚拟现实(VR)线上展厅,对6家国内外大师团队的设计方案及百余组国际知名院校大学生及青年设计师参赛作品进行全方位展出。成果展同步开设线上展厅,通过VR"云观展"形式,为不能参与现场展的观众全方位展示本次大赛成果,并面向公众寻求宝贵意见。

为加快工业遗产在新时代实现转型复兴,带动城市发展,邯郸市委、市政府以邯钢搬迁为契机,邀请法国多米尼克·佩罗建筑事务所、王建国院士团队、庄惟敏院士团队、奥地利蓝天组事务所、程泰宁院士团队、荷兰UNStudio事务所6家大师团队共聚邯郸,以"工业遗产转型复兴"为题,共同探讨工业遗产转型带动城市复兴的策略和方法,力图在保护绿水青山、留住工业记忆的同时,提升邯钢区域空间价值,打造经济增长新引擎。

"品质城市"国际青年设计师竞赛以"新技术引领下的品质城市"为题,在以人民路为代表的邯郸市中心城区范围内,选取城市微空间,设计智慧城市家具、公共艺术小品等能激发城市活力的建(构)筑物,提升城市空间品质,激发城市空间活力,旨在在全球范围内发起一场关乎公共空间核心价值的讨论。据悉,本次竞赛吸引了全球42个国家和地区的知名院校学生、青年设计师共646组报名参加。最终,来自中国、美国、日本、加拿大、新加坡、意大利、西班牙、埃及、泰国、印度尼西亚等十余个国家和地区,横跨建筑、艺术、新能源、智能设计等多学科、多领域的37组选手获奖。

工业遗产转型复兴国际学术交流会
THE TRANSFORMATION AND REVIVAL OF INDUSTRIAL HERITAGES INTERNATIONAL SYMPOSIUM

2020年9月26日,"工业遗产转型复兴国际学术交流会"在邯郸正式开启。本次交流会是第三届河北国际城市规划设计大赛(邯郸)的重要组成部分,是"工业遗产转型复兴"——邯钢片区城市设计国际大师邀请赛的重要延续。交流会围绕"工业遗产转型复兴"的主题,邀请到包括大师及团队代表等数位知名专家学者作为嘉宾进行主题演讲和专题研讨,在全球化与现代化语境中,全面审视、探讨工业遗产的空间价值及其创造,为邯郸城市乃至中国未来城市寻找共荣的演化方式,以及创意性、实践性的思路与展望。

本次学术交流会由河北省住房和城乡建设厅、河北省自然资源厅主办,邯郸市人民政府承办,邯郸市自然资源和规划局组织,后疫情时代,会议利用线上+线下多媒体连线的方式开展,并全程开设直播。

会上,嘉宾们进行了主题演讲和专题研讨,结合大师邀请赛设计成果,研究城市老工业区转型复兴的方法与路径;分享前瞻理念、经典案例,探讨在后工业时代的语境下,如何将工业遗产打造为城市的复兴之地;聚焦新型城镇化新时代机遇,探讨如何最大化创造工业遗产的空间价值,为城市转型发展提供系统路径。

河北省住房和城乡建设厅,河北省自然资源厅,邯郸市人民政府及相关部门,各市、县、雄安新区自然资源和

规划主管部门，园林绿化主管部门等领导及相关人员共同参加了本次学术交流会。

河北省自然资源厅总规划师、国土空间规划局局长鲍龙对大赛成果以及国际学术交流会给予了充分的肯定，他表示本次交流会将为河北城市带来全新的城市规划设计理念和前沿学术思想，为加快打造富有活力、具有特色的现代化城市，建设经济强省、美丽河北贡献力量。邯郸市政府副秘书长李杰在致辞中表示此次学术交流会为今后河北省城市发展带来了新思路，为邯郸市的创新发展开拓了新方向。本次国际学术交流会的成功举办，既为激活文化遗产活力、打造邯郸城市转型"智库"积累了创新性的思路和办法，也为河北省和众多城市的转型高品质发展促生新动能、新优势。

生态修复打造绿色园博
山水相依书写诗情画境

ECOLOGICAL RESTORATION CREATING THE
GREEN GARDEN EXPO
LANDSCAPE FORMING A POETIC ENVIRONMENT

烛华园
ZHUHUA GARDEN

　　石家庄"烛华园"园位于园博园核心文化游览区中心湖体的西岸，占地约 7300m²。展园以石家庄的"宫灯文化"为主题，围绕其发展历史、样式、材料、制作工艺、民俗文化等，全面、丰富地展现和传承了具有石家庄地域特色的宫灯文化，打造出"宫灯之彩，舞动园博"的特色展园。

展园划分为主入口区、灯源广场区、灯艺区、次入口区、灯趣区以及滨水休闲区，设计有灯坊、灯谜、宫灯景亭、灯韵、灯展墙、花灯艺术等景点。植物选择以栾树和石榴为基调树种，用栾树的果实和石榴的花果比拟一个个红色灯笼，以此呼应园区主题，烘托园区氛围。展园通过园林的艺术化设计，将石家庄的宫灯文化与景观唯美融合，使文化有具体展现，景观有文化灵魂。

唐山 TANGSHAN

鸣凤园
MINGFENG GARDEN

　　唐山园,名为"鸣凤园",在园博会主题"山水唐山,绿色复兴"的基础上,结合唐山城市特色、循环经济发展的示范性特质以及展园环境本底和周边关系,特提出唐山展园设计主题"与古为新,偕众同春"展现唐山的起源与未来,助力河北的转型与跨越。

整个园区以时空为线索，由"一带、一心、三区"组成，并以三个重要的历史阶段为缩影，展现唐山在高质量发展之路上取得的成就。

一带：一条"不忘初心，砥砺前行"的高质量发展之路，践行"创新、协调、绿色、开发、共享"的发展理念，这是一段光阴如织，时空穿梭景观旅程，游客可通过游览这段旅程感受唐山的变化与发展。

一心：围绕现状烟囱，打造展园核心主景——螺旋上升的建筑，寓意工业盛开的文明之花，也象征唐山上升的态势。

三区：分别是激情燃烧的火红年代；动能转换的绿色发展；环境友好的循环经济。

2020 · 印象园博
HANDAN　Impression of Garden Expo

秦皇岛
QINHUANGDAO

花间徉

HUAJIANYANG GARDEN

秦皇岛室外展园名为"花间徉",意为"花间徜徉",位于核心文化游览区,面积 7092 ㎡。

展园以"天开图画,旅游名城"为主题,以现代设计语言为基调,植物景观展示与示范为主体,绿色疗法与游人参与为特色,打造体现秦皇岛地域文化、展现秦皇岛旅游文化名城风貌的园林室外展园。

　　秦皇岛展园的主轴线将展园分成东西两部分。西部因为属于涧沟村文物遗址保护范围，下挖受到限制，因此设计成以植物景观为主体，主要展示秦皇岛的花卉旅游、康养旅游；而主体建筑、水景和下沉空间都设在东部，主要展示秦皇岛的人文旅游、休闲旅游。

　　秦皇岛展园以植物造景为特色，园中设计了不同风格的十大花境。花境秉承"虽由人作，宛自天开"的原则，不但表现植物个体生长的自然美，还展现出了植物自然组合的群体美。

2020 . 印象园博
HANDAN　Impression of Garden Expo

铭心园
MINGXIN GARDEN

　　保定"铭心园"位于园博园湿地修复实践区东南角，右侧紧邻核心文化游览区，北接张家口园，西邻邢台园，占地面积7424㎡。全园以"红色记忆"为设计理念，以保定冉庄地道战为切入点进行设计，通过现代的设计手法和语言，打造了一个具有时代特色的"文化、生态、现代"的园博会展园。设计遵循现状地形以及土方平衡的原则，在中心区域形成下沉花园景观，在四周堆土，组织上层游览动线，形成多维度的观赏游览空间。

下沉的核心空间，依次为文化展厅、地道体验区、美好家园、记忆花园、城市展厅，咫尺之间将保定悠久的红色文化和美好未来展示给四方来客。主入口设计以保定冉庄村口为意向，抽象化提取地道战遗址中村口石桥的形象作为园区的主要入口；文化展厅以图文介绍的方式展示保定悠久的红色文化，同时对地道战里使用的一些工具等进行展示；地道体验区采用模拟地道的形式，以图文介绍、模型等对地道战的历史和文化进行展示；采用现代的手法，打造一个将展览、体验和互动融为一体的现代化"地道"。穿过地道体验区，到达中央核心区域——美好家园，老槐树是冉庄的标志，是地道战的精神象征，设计以现代化的艺术手法抽象再现老槐树景观，表达我们对宁静、美好家园的向往。

在美好家园周边设置了冥想空间——记忆花园，从地道战中分别提取马槽、水井和石碾为主题，以现代化手法进行抽象表达，唤醒人们对那段光辉岁月的记忆。

在下层主体空间游览动线的最后，布置了一个半开敞的城市展厅，采用多媒体屏幕及VR互动体验，为游客展示现代化的保定城市新貌，并对保定的美好未来进行展望。

张家口 ZHANGJIAKOU 冀

冬梦园
DONGMENG GARDEN

张家口园名为"冬梦园",位于园博园中心区域,核心文化浏览区与湿地修复区域以及涧沟村3个大分区的交汇处,是人流动线必经之路,地理位置优越。景观设计延续了整个园林博览会的设计风格,用现代手段去表达山水园林,遵循了中央政府对张家口地区的形象定位"首都两区",结合当下张家口最热门的名片"冬奥会",最终形成了"首都两区,山水奥运"的设计主题。

河北省第四届（邯郸）园林博览会
The 4th (Handan) Garden Expo of Hebei Province

园区整体采用欲扬先抑的布局手法，共分为8个区域，分别为奥运冰山入口区域、冰丝带区域、冬梦镜湖区域、冬梦花海区域、长城看台休憩区域、烽火看台观景区域、绿色梦想区域以及冰山丝带出口区域。以冰丝带将奥运精神贯彻全园，其中融入绿色发展的理念以及张家口的特色文化。

奥运冰山入口区域运用了张家口崇礼雪原冰山的元素将入口打造成充满冬奥会氛围的冰山效果，增加展园的昭示性，冰山元素以"迎客冰山、冬梦冰洞、冬梦冰谷"3种形式打造，穿过冰谷进入到园区内，映入眼帘的是开敞的空间。贯穿全园的冰丝带区域是模拟滑冰赛道，道路上设置了情景奥运雕塑，使游园者与其互动合影，增加游园者与景观的互动性。冬梦镜湖区域则是园区主要景点之一，开敞干净的静水面，其中镶嵌着奥运五环与冬梦花海中屹立的冬奥会的标志形成冬奥会的LOGO。冬梦花海区域是一片整齐的花海，背靠连绵起伏的冰山；与冬梦花海形成对景的则是长城看台休憩区域，此区域将张家口特色的长城文化融入其中；沿着看台区域向上爬升进入到烽火看台观景区域，此区域为冬梦园园区的制高点；出口区域是将入口冰山的元素进行延伸，打造成冰山丝带的形态，使游园者增强记忆性，加深对本案的印象。外围是绿色梦想区域，遵循张家口"绿色发展，生态强市"的定位，以特色种植的形式进行打造。

承德 CHENGDE 冀

承贤园
CHENGXIAN GARDEN

　　承德展园名为"承贤园",位于湿地修复实践区的清渠如许湿地水下游的地级市园中,占地面积共计 7339m²,全园以北方皇家园林的"行宫文化"为主题,将传统园林融入现代展园设计,从片段的提取到盛景的描绘无不体现着承德深厚的皇家园林文化。

全园以3类行宫为原型，提取行宫空间特征，再现山水园居生活。3座行宫分别是喀喇河屯行宫、钓鱼台行宫和汤泉行宫，分别代表了北巡线上的3类行宫，即以喀喇河屯行宫为代表的清帝长期驻扎并处理政务的驻宫、以钓鱼台行宫为代表的短暂停留歇息的茶宫和以汤泉行宫为代表的泡泉汤宫。简言之，喀喇河屯行宫，仿写行宫院落；钓鱼台行宫，再现茶舍小景；汤泉行宫，营造烟波泉韵。

沧州 CANGZHOU

风雅沧州
FENGYACANGZHOU GARDEN

沧州园名为"风雅沧州",位于本届园博会的西南部,场地三面环水,北高南低,园区面积 7112m²。

本届沧州园以沧州的"诗经"文化作为线索,展示沧州的城市文化底蕴和造园水平,用《诗经》中《风》《雅》的诗句内容,营造具有沧州文化特色的景观,展现"诗情沧州,风雅画境"。

河北省第四届（邯郸）园林博览会
The 4th (Handan) Garden Expo of Hebei Province

本届沧州园以《诗经》为主题，贯穿整个园区，以中间的诗经文化水院作为核心景区，结合水景在中间设置小岛，再现《诗经》名篇《关雎》的故事场景"在河之洲"；以园区四个角的诗经文化展示厅为视线点，既可作为展示空间，又能形成框景效果；周围搭配多个诗经景观节点，形成"一核+多点"的景观内容。

园内景观以亭廊、水景与植物相互搭配形成环形景观带，中间的核心景观区为诗经文化庭院，结合建筑及环廊串联起来形成诗经文化展示厅，并结合《诗经》中的植物营造一个充满文化魅力的诗经文化主题展园。

廊坊 LANGFANG 冀

幸福廊坊
XINGFULANGFANG GARDEN

廊坊园名为"幸福廊坊",位于本届园博会城市展园东南侧,占地面积约 7500m²。东临定州园,西接承德园,北依清渠如许景观生态湿地,西南有水系环绕,南北由园区主、次环路包围,分设两个入口。展园以"幸福生活,美丽廊坊"为主题,以绿色为基底、山水为景观、绿道为脉络、人文为特质、"街区模块"为基础单元,以互动体验为参观方式,打造开放的、亲切的、包容的、安全的和国际化的城市面貌。展现道法自然,园、景、人和谐统一的生态园林理念,体现廊坊都市的幸福生活。

河北省第四届（邯郸）园林博览会
The 4th (Handan) Garden Expo of Hebei Province

廊坊园由城市建设理念落实到园景展示，节选城市中的空间场景、生活中的印象画面搭建"幸福平台"，引导绿色、健康的生活方式，以参观者的行为感受及生活体验来定义游览空间主题。由公园城市结构实现空间场所类型，通过自然环境、城市空间、交通体系、文化生活及国际化交流等场景，打造开放的、亲切的、包容的、安全的和国际化的城市面貌。在自然背景基地下以都市魔方为核心景点，由"绿道"串联丰富的游线变化，以人民的公园开始，由国际化的对外联系结束。

人民的公园，即开放为民的城市公园。亲切的尺度，宜人的空间，如身边的城市公园，或归家的门户，与自然和谐生长。穿过月季廊架，逐渐下沉的空间为即将展开的月季花园做导引，对景以镜像效果的景观墙，提示廊坊的公园绿化景点。

廊坊便捷的国际交通优势展现在出口位置，以国际化的语言、风车特色展现廊坊的包容、好客和对外交流，欢迎四面八方的游客。

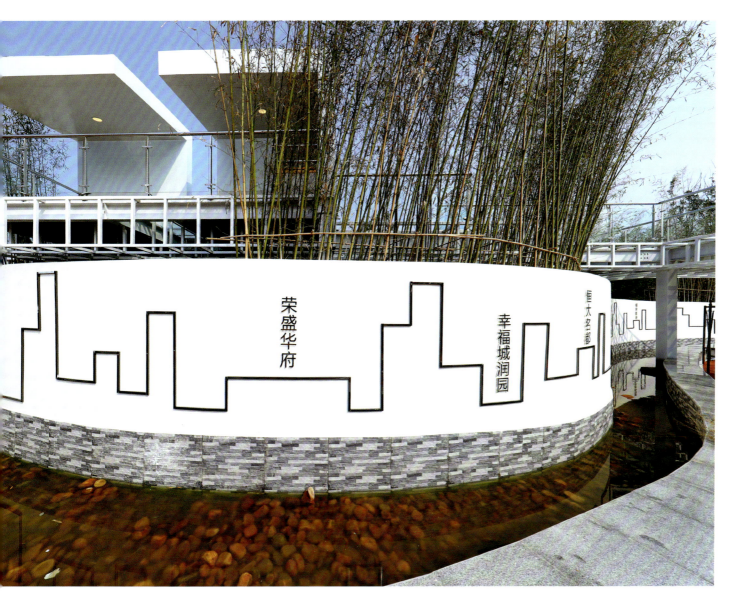

衡水
HENGSHUI

儒乡园
RUXIANG GARDEN

"儒乡园"为衡水市展园园区,占地面积7020.15㎡。展园以"溯古通今,传道受业。儒学之乡,学而求索"为主题来弘扬衡水历史悠久的素质教育文化。园内设4处主题分区,分别为古代六艺景区,衡湖湿地景区,现代教育景区以及桃李种植景区。力求打造衡水教育文化的体验之旅,体现衡水教育历史及文化发展。

河北省第四届（邯郸）园林博览会
The 4th (Handan) Garden Expo of Hebei Province

展园整体地势高低起伏，山水兼具。古代六艺景区与现代教育景区中，将古代的"六艺"（礼、乐、射、御、书、数）教育与现代的"五好"（德、智、体、美、劳）目标有机结合，既体现衡水对教育历史的传承，也体现现代素质教育的发展，并以此展现衡水教育中劝学、勤学、好学的优秀品质。中部的衡湖湿地景区用大片水面呼应衡水湖湿地，同时象征着人杰地灵的人文环境，包容开放的教育政策，这是衡水教育名满天下的基石。桃李种植景区寓意教育成果斐然。

在游园中也可体会到动态的学习历程，从入口的启迪之门开始学子求学之路，最初道路崎岖起伏，求学历程坎坷。在经历不解、迷惑和积淀后，看到彼岸的曙光，终体会到学有所得的喜悦。最后于高处回首过去、展望未来、回归起点，开启新的人生学习征程。

筑梦园
ZHUMENG GARDEN

邢台展园又名"筑梦园",以"绿色出行,筑梦邢台"为主题,用园林景观的艺术手法展现邢台印象、公众参与、海绵城市。展园总面积 7063 ㎡,长约 101m,宽约 76m,整体呈长方形。

本次邢台展园设计理念为"骑行绿美邢襄,悦享活力泉城",分为两个方面,首先是自行车文化产业,平乡县是全国最大的自行车零配件及儿童自行车生产基地,文化产业发展成为自行车产业的新方向。自行车运动也开展得如火如荼,目前已成功举办四届国际公路自行车赛。其次是邢台城市特色,山水泉城,魅力邢台,邢台是太行山最绿的地方。

围绕"骑行绿美邢襄,悦享活力泉城"这一理念,结合园区地形形成2条具有不同主题的复层结构景观带,即绿美邢襄自然景观带和活力泉城人文景观带。绿美邢襄景观带主要由一条蓝色赛道组成,线性穿过主入口、绿色赛道、太行隧道、空中步道、悦梦花廊及次入口几个部分。活力泉城景观带主要包含水之活力(活力之源)、骑行之活力(赛事展墙)、产业之活力(悦动星空和创意空间)、城市之活力(智慧驿站和逐梦绿墙)。

邢台展园不仅仅是单纯的自然与文化景观展示,更多的是利用自行车运动元素来引导公众体验、参与,感受邢台特色的生活方式,悦运动,享快乐。同时将"海绵城市"的理念融入展园中,引入雨水花园技术,使展园持续焕发活力。公众参与、绿色生态!

环邢台国际公路自行车赛简介

环邢台国际公路自行车赛是邢台市依托丰富的旅游资源、结合邢台市独具特色的邢襄文化、自主创新打造的品牌体育赛事。着力凸显"守敬故里,太行山绿的地方"人文地地特点,深化"骑行绿色太行,畅游生态邢襄"主题。自2016年创办以来,市政府连续四年的精心运营下,赛事类型、赛道质量、赛事级别不断升级,2019环邢台国际公路自行车赛已成为国际自行车联盟和国家体育总局批准的UCI2.2级男子精英国际B类体育赛事。

辛集 XINJI

鹿鸣墨韵

LUMINGMOYUN GARDEN

辛集园，名为"鹿鸣墨韵"，占地面积约 7000m²，北临齐村水库，南侧是涧沟村。呈五边形，北高南低，园区周边分别为唐山园、承德园、廊坊园和邢台园。

辛集展园设计以"诗画束鹿"为主题，以"唐风雅韵"为总体设计风格，是融合传统园林风貌特征和辛集特色文化的城市展园。展园以"长安画派"的辛集绘画作为核心，思考辛集孕育知名画家的文化渊源和精神内涵，融合展示辛集的城市文化和精神特征，用山水与绘画赋予其辛集精神和园林风采。

园区在景观空间布局上，分为北部亭廊院落和南部山水园林两部分，以环路组织园内交通。全园水系形式多样，潭、溪、湖、池将建筑和园林景观融合在一起，形成生动多样的园区景观。

园内建筑以唐代长安建筑为摹本，中央主体建筑"长安画院"位于全园核心，东北侧连廊半环抱园区，另有"吼虹亭"布局于园区南部。总建筑面积595m²。

主体建筑"长安画院"，是全园诗情、画意和园林的完美融合。全园设计有"东方欲晓""长安画院""大地回春""富丽河山""回望云峰""束鹿诗廊"6个融合长安画派文化展示与园林景观意境的节点。

在陈列内涵上，重点展示以辛集籍画家赵望云为核心的"长安画派"先贤名人和相关绘画文化，以"长安画派先贤"和"辛集绘画"两个主题展，彰显辛集市深厚的绘画文化以及辛集人的精神特质。

"从兹画史中，长留束鹿赵"，展园整体体现辛集紧跟时代步伐、不断创新、追求卓越的城市精神。

2020 · 印象园博
HANDAN　Impression of Garden Expo

悦音园
YUEYIN GARDEN

中华古乐，源远流长。定州展园"悦音园"以音乐为媒，讲述定州故事。

定州展园位于两条内部车行道交汇处，紧邻堤坝，西北侧为"清渠如许"景区。展园北侧、南侧、东侧三面环水，位置条件十分优越。定州展园占地 7500m^2，东西长约 100m，南北长约 75m，场地内地势较平坦。

河北省第四届（邯郸）园林博览会
The 4th (Handan) Garden Expo of Hebei Province

展园设计方案分别选取了西汉时期定州音乐家李延年的《延年歌——佳人曲》、北宋时期定州知州苏轼的《插秧歌》和当今定州"人民艺术家"张寒辉先生所创作的《松花江上》3首名曲为设计载体。设计风格上，以新中式为主。"堆山理水"以小见大，览万千山水于胸中。结合古乐五音"宫、商、角、徵、羽"设置了"隐、礼、情、澜、义"五重礼遇景观节点；按时间轴以《延年歌——佳人曲》作为入口"隐、礼"的景观承载；入口设计，运用画卷的意向，结合叠水瀑布及镜面水，穿过两侧有乐器雕塑的拱桥，进入秉礼堂，给人一种步入画卷的体验。主大门主立面为延续不断的山脉造型，正立面景墙结合月洞门、李夫人像及展园名称，搭配屋顶两端风铃的应用，给予游人佳人曲的感官体验。礼堂两侧的佳人小隐院落将各式观赏草和竹林的优美景致呈现给游人，院落的台阶和别致的座椅可供游人休憩赏景。穿过秉礼堂，一副《曲水流觞》图展现在眼前，涌泉和跳泉的结合更是满足了游客的听觉享受，不但可以"赏画"，还可以"听画"。

内部主景以《插秧歌》作为"情、澜"的景观承载；沿路进入听雨轩，轩的顶部进行镂空设计，并配以水幕帘，形成丰富的"听雨"效果。从听雨轩出来，进入东坡堂，从东坡堂向东南观望，远处的听雨轩、溪流叠水、花田尽收眼底，生动地还原了东坡先生下乡巡访时观望到农民在插秧时唱《插秧歌》的场景。行至水边，"曲桥理水"形成一大一小、一高一低两个水面，邻水设置寒晖榭。榭内部放置了竖笛形态的音乐装置，旋转按钮，会有悠扬的乐曲从竖笛里面放出，增加了游览的趣味性。以《松花江上》作为序幕"义"的景观承载；"大石寒松"雪浪石与造型松的搭配相辅相成，意境悠远。

2020 · 印象园博
HANDAN Impression of Garden Expo

赵都新韵尽展特色文化
金戈铁马回望历史风华

ZHAODUXINYUN SHOWS THE UNIQUE CULTURE
HISTORICAL ELEGANCE SHOWS THE WAR
SYMBOLS

邯郸 HANDAN

赵都新韵
ZHAODUXINYUN GARDEN

邯郸园名为"赵都新韵",由上下两层空间相互穿插打造而成。

邯郸园以开放式园林博物馆为主题,以时间为线索,从上古女娲神话到解放战争结束,将磁山文化、赵文化、建安文化、太极文化、红色文化等以主题园的形式串联起来,着重体现邯郸千年历史文化积淀;同时,采用当代园林中的新材料、新技术进行展示。两者融合,打造出一个可赏可游、寓教于乐的多层次展园。

邯郸园包含出入口休息区、竹林休憩区、全息影像馆及6个特色主题园。半封闭式的文化游廊将场地中古粟之源、箭影之林、悦容之堂、建邺之痕、满芳之庭及两仪之界6个特色主题园汇集于此。

在邯郸园入口休息区，石灰岩、青色花岗岩、灰色花岗岩等不同颜色、材料的景观石镶嵌于地面和墙面，场地正中间有光彩夺目的不锈钢五彩石，钴蓝色的铝板装饰墙设有雾喷，使游客仿佛穿越到女娲抟土造人，炼五色石补天的仙境中。

全息影像馆是一处以影像方式展示邯郸文化的休憩场所，通过与高科技环幕投影相结合，为游客打造出一个沉浸式体验空间。

竹林休憩区面积约490m²，为游客提供静谧的休息场所。

古粟之源由上浅下深、黄色渐变的夯土墙围合，墙面内嵌有仿新石器时期的农耕器具、破碎陶瓷片等体现磁山文化的装饰元素，配合种植粟米的地面，使人们仿佛置身古人劳作的场景中。

2020 · 印象园博
HANDAN　Impression of Garden Expo

箭影之林展示的是以胡服骑射为代表的赵文化。展园内嵌圆形水池，池底以黑色卵石浆砌，中间用白色卵石砌出赵王城外湿地图案，边缘竖立着描绘"胡服骑射"图案的冲孔板，水池中布置了不锈钢"箭林"，将金戈铁马的战场风貌展露无遗。

悦容之堂以北齐石窟文化为主题，整体为开敞式。这里有世界上最大的摩崖刻经群，代表着北朝时期佛教发展的最高成就。

建邺之痕以曹魏建安文化为主题，展示着邺城曾为曹魏、后赵、冉魏、前燕、东魏、北齐六朝古都的辉煌历史。

满芳之庭为磁州窑特色园，利用最具磁州窑特色的白地黑花装饰艺术铺装，通过笼盔墙的洞，可穿透阳光隔墙窥探，别有一番乐趣。

两仪之界展示太极文化。太极拳作为祖国传统文化艺术瑰宝，就是从这里走遍全国、走向世界，成为亿万民众热爱的体育健身运动。

出口休憩区设置的两处白色听筒廊架也别具匠心，将头伸进盒子时，感应设备会启动，循环播放邯郸历史文化。

2020 · 印象园博
HANDAN　Impression of Garden Expo

山水邯郸
SHANSHUIHANDAN

山水邯郸
LANDSCAPE OF HANDAN

"山水邯郸"主场馆坐落在西湖水旁，与开阔的水面交相辉映，建筑拔地而起，好像高低起伏的群山，高大雄伟，令人震撼。场馆周边种植有各种特色花卉、绿植，长势茂盛，一片花团锦簇、苍翠欲滴的景象。

作为园博园的标志性建筑，"山水邯郸"主场馆位于核心游览区，临西湖水而建，占地总面积 3.08 万 m^2，其中，主场馆建筑面积约 1.98 万 m^2，由植物馆、艺术馆、综合馆和会议中心 4 个造型方正的场馆建筑组成。各馆之间用半室外的阴凉连廊连接，既可停留休闲，也可作为室外展区，极大丰富了主场馆建筑的利用空间和使用功能，真正做到多用途、低能耗、有特色。

为与此次园博园的主题"山水邯郸、绿色复兴"相呼应，"山水邯郸"主场馆以"群山"为意向，打造气势恢宏的景观建筑，在设计上采用大胆创新的延绵山形网架，呼应山水自然的主题，整个"群山"结构网架与植物馆、艺术馆等 4 个场馆建筑分离，并利用如幔帐一般舒缓的金属网，将整个建筑区域覆盖，极大地减少了场馆建筑的空调能耗，丰富了空间层次，让游客即使在户外，也能够有舒适的体验。同时，在金属网上安装照明设备。当夜幕降临，华灯初上，在灯光照耀下，"山水邯郸"主场馆将更加耀眼，相信之后会成为整个园区的"网红打卡地"之一。

"山水邯郸"主场馆科学运用了新材料、新技术，约 3 万 m^2 的金属网被大面积使用在建筑上尚属首次，对安装技术也是一项挑战。整片金属网的密度、形态、重量都经过精心设计，体现出轻盈缥缈的气质，达到既美观又通风遮阳的效果。"山水邯郸"主场馆是绿色节能、面向未来、意境悠远的当代城市标志性综合场馆建筑的典范。

清渠如许探寻古风遗痕
青山画卷逐梦芳草寻鹤

QINGQURUXU SHOWS HISTORIC MARK
QINGSHANHUAJUAN DREAMS ABOUT
FANGCAOXUNHE

浮光揽月
LANDSCAPE OF FUGUANGLANYUE

"浮光揽月"位于园博园东侧核心游览区，水域面积达 6 万多 m^2，是园博园打造的最大人工湖。

"浮光揽月"原场地为水渣场废弃地，以园博园建设为契机，设计以生态修复为核心，尊重自然过程，重新梳理水系，构建完善的海绵系统，在安全健康的生态基底上沿湖面组织工业遗风、青山画卷、山水邯郸、赵都新韵等景点。

揽月湖的湖面，白天是山水邯郸等核心景点的前景，夜晚则成为水上灯光秀的背景，光影绰绰映水中，以浮光揽月之景，重唤废弃地生机。

揽月湖的湖中，悬浮着若干树岛，湖边种植荷花、黄菖蒲等湿地植物，利用植物的蒸腾与吸附作用净化水体，自然做功恢复水体生态系统的健康。水体与多样的植物同时为野生动物营造出丰富的生境，增加生物多样性。

揽月湖的环湖步道，可以向游人提供不同的观景角度。蜿蜒的主路与多条支路反复交织在一起，创造出多次相逢与分离的机遇。而步道间散布的树岛，更营造出宜人的微气候。

每当夜晚来临时，揽月湖水面平静沉寂，华灯初上之时，湖中呈现出纷繁的水上灯光表演。表演结束后，湖面即刻恢复月下天镜之状，不打扰自然的安眠。

河北省第四届（邯郸）园林博览会
The 4th (Handan) Garden Expo of Hebei Province

青山画卷

LANDSCAPE OF QINGSHANHUAJUAN

　　从园博园东门进入，走过一步一景的"邯郸园"，穿过美不胜收的"山水邯郸"，望过"浮光揽月"的湖面，再向西便是"青山画卷"。"青山画卷"背靠齐河大坝，一岸绿洲，芳草满庭。也许她不足以使你惊艳，但一定能让你感叹这幅画卷的巧思妙想。

　　"青山画卷"占地面积约 2 万 m^2。这里曾是钢厂的一个工业废区，堆积的都是废料钢渣，到处是黑色的烂土淤泥。通过换填、覆土、栽植、铺路改道后，凭借原有山势，打造出如今的 6 层台田花海景观。

　　作为生态修复工程，依照景观打造理念，坝顶原来的硬朗直路被改造成蜿蜒曲径，3m 一弯，5m 一曲，由南向北延伸开去。沿路绽放的是曼妙花姿，曲径之下是悠然吐绿。台地景观依山势设计，改变了大坝陡峭斜面驳岸，缓冲了大坝到湖面的高差关系，通过 6 层台阶下沉的曲线台地，营造出高低错落、层次丰富的视觉效果。

　　针对不同季节、不同花期，台田被精心选择种下 20 余种花卉植物，花草各异，层层不同。上下层以观花为主，引入蛇鞭菊、兰花草等植物，中间一层辅以细叶芒等草植，鲜花绿草交相呼应，形成花田叠瀑的视觉效果。同时点缀柿树、榉树、槭树等乔木，营造出色彩斑斓、高低有序的自然空间，一幅树木常青、四季有花的美丽画卷置于眼前。

　　大坝一侧增加了种植箱，局部地段的步道被巧妙挑出，成为极佳的观景点，俯瞰"芳草寻鹤"，远眺"清渠如许"。花瀑上的观景盒内部结合科普、无人机服务等功能，游客可进行多功能智慧交互体验。

工业遗址园
INDUSTRIAL HERITAGE GARDEN

工业遗址园所在区域是邯钢的水渣场，场地遗留了巨大的矿粉罐和部分工业厂房，设计将其改造为园区内的用餐区，建筑面积2070.18 ㎡。

设计在原有工业塔及保留框架结构的基础上对其进行改造，丰富建筑空间、增加建筑面积以满足园博会对于餐饮建筑的需求，并在不同体量建筑之间增加连廊及荫棚，为游客在疲惫之余送来一份阴凉惬意的悠闲。

设计用透明LED屏幕将原有储料罐进行包裹，夜晚可展现无限可能的创意图案，同时采用变化的白色格栅对保留结构进行立面肌理的重新设计，加建必要的交通联系空间及生态室外廊架，创造宜人的半户外空间。

工业遗址园属于工业建筑改造，由于项目功能的转化，比如由工业生产功能转化为供大众使用的餐饮休闲功能，因此对平面提出更高的要求，也对原有空间的人性化和生态绿色提出要求，同时对结构安全性评估检查提出要求，还需要满足相应的消防疏散等设计规范。同时，方案还力求体现对工业美学特有的尊重与呼应。

2020 . 印象园博
HANDAN　Impression of Garden Expo

149

河北省第四届（邯郸）园林博览会
The 4th (Handan) Garden Expo of Hebei Province

矿坑花园
QUARRY GARDEN

"矿坑花园"原为人工采石场遗迹，由于长期开采作业形成了一个巨大的矿坑，陡坎随处可见，高差变化很大，且堆满了碎石矿渣、生活和建筑垃圾，土壤受到污染，生态环境遭到破坏。

设计方案充分利用现状矿坑的坑洼地形，借用现状内凹的地形，形成内向型园林。首先将原有陡坡层叠填土，对部分陡峭区域进行梯田化处理，打造为花田台地。引入清渠如许净化后的水结合局部台地形成叠水景观，结合植物的吸附作用进一步对水体净化，最终汇流形成由跌水堰连起的高差有别的3个水体景观。

3个水体景观分别展现了矿坑修复自然演替的3个阶段。第一个阶段是基底恢复。由龟裂的混凝土石板，自北向西龟裂逐渐扩大，结合块状种植。第二个阶段展现的是植被修复。豁然开朗的视线，丰富多彩的植物，旧迹逐渐消失，生态逐步建立。沿着步道继续往前，到达第三个阶段，展示的是矿坑修复的最终阶段生境修复，两侧台田逐渐消失，自然缓坡入水，充满了自然野趣。

依托现状地形高差，一座长85m的人行桥横跨在第三水体区域，桥体下方为悬亭休憩空间，是整个矿坑花园的点睛之笔。悬亭的灵感来自传统园林中的"水榭"，全景玻璃盒悬挂于人行栈桥之下，长23m、高3m，由钢管搭建框架，外包钢化玻璃，是景区内的视觉中心，也是游人欣赏湖景的最佳场所。

矿坑花园以生态修复为理念，运用多种景观营造手法，力图将其打造为生态修复主题和景观设计相结合的典范。

矿坑花园以"叠花立木、鸢尾写幽"为主题植物，跌水区的水生植物群落、多彩花带与葱郁的观赏草相结合。在既有乔木树群的基础上，新增楸树林与多种草花及湿生水生植物作为特色，兼顾水质净化功能，形成现代复合型群落结构。

涧沟陈展馆
JIANGOU EXHIBITION HALL

依托涧沟古村文化及遗址营建的"涧沟陈展馆",是园博园内又一处重要建筑,位于园区南入口区域,是涧沟历史文化的空间载体。

"涧沟陈展馆"是一座半地下的两层建筑,主入口位于地下一层西侧的下沉广场内,用于引导人流。下沉庭院实现了建筑与景观的相互融合,丰富了游览体验。

景观总体分为3大部分:西侧的台地区,中部的下沉庭院区以及东部的建筑中庭区。台地区的主要功能为化解巨大高差、连接南入口广场及下沉庭院、将人流从南入口广场引入涧沟博物馆。下沉庭院由广场铺装、绿化种植池及水景构成。水池共两处,位于南北两侧各一处。东部的建筑中庭区选用和下沉庭院相同的设计理念,富有变化的铺装与建筑风格相呼应。

"涧沟陈展馆"这种隐于地下的庭院设计手法,让整个建筑更有空间感、层次感,含而不露,让游客在邯郸历史文化中徜徉,发扬和传承民族文化。

河北省第四届（邯郸）园林博览会
The 4th (Handan) Garden Expo of Hebei Province

清渠如许

LANDSCAPE OF QINGQURUXU

昔日的"清渠如许"是一片微微高起的土丘，植被稀少，仅有零散的几株灌木，土壤质量较差，薄薄的一层土壤下方，充斥着各类工业矿渣和建筑垃圾。经设计团队改造后，仿照中国传统农业中的"梯田"和"陂塘"形式，结合科学的生态净化方法，将污水厂出水引向山顶层层跌落、下渗、瀑氧，最终净化为更纯净更清澈的景观水系。

在"清渠如许"，植物对湿地净化和景观营造起着极为重要的作用。湿地中主要选取净化能力强、观赏效果好的挺水植物，如香蒲、黄菖蒲、水生美人蕉、千屈菜、梭鱼草、再力花等，这些植物对悬浮物、氮、磷、化学需氧量（COD）、生化需氧量（BOD）等，会产生良好的去除效果。

在岸上，为改良土壤，选取紫穗槐作为陆生植物基底；同时种植有碧桃、山桃、西府海棠等观赏小乔木，以及金鸡菊、迎春、松果菊、鸢尾等地被植物。

在"清渠如许"的山顶之上，一座景观环廊宛如双龙呈腾飞之势从绿荫中升起，这便是"锦绣云台"。作为园博园南半部分的制高点，"锦绣云台"提供360°立体游赏观景体验，游客登上云台即可俯瞰水净化流程，并饱览园中其他各区风光。

锦绣云台不仅是山顶休憩场所，更是一处景观化的基础设施。在表皮肌理之下，隐藏着一套与清渠如许水净化系统接驳的立体水净化系统，类似于水塔，其灌溉植物的富营养水从顶部经3层立体绿化及生态净化基质螺旋式流下，分到梯田水净化系统，是设计中的一大特色。

芳草寻鹤
LANDSCAPE OF FANGCAOXUNHE

"芳草寻鹤"节点位于西湖水域的区域，湿地生态环境良好，设计中采用生态最小干预的理念，完全保留了原有的生态环境和水系肌理，在湿地边缘进行适当的植被补植及景观提升，让改造后的湿地成为鸟类及多种生物的栖息场所，故起名"芳草寻鹤"。

"芳草寻鹤"由齐村水库改造而成。水库西侧为沁河汇入口，中部为大片景观湿地，北侧为溢洪道输元河，东侧为齐村大坝。水库西侧和南侧为亲水栈道，栈道东侧与齐村大坝相连，西北侧与"芳草寻鹤"栈桥相连，为游客观赏湿地、亲近自然提供了便利场所。

水库西侧和北侧的梦泽桥，犹如一条梦幻的白色丝带漂浮于湖泽之上。东起观光农业展示园，沿"芳草寻鹤"西北沿岸环行至汉墓遗址园，中部向西跨过南水北调干渠通往沁河上游，实现园博园多维交通，为游人带来丰富的游览体验。

河北省第四届（邯郸）园林博览会
The 4th (Handan) Garden Expo of Hebei Province

梦泽飞虹
LANDSCAPE OF MENGZEFEIHONG

"梦泽飞虹"是一座形态优雅的白色栈桥，犹如一条梦幻的白色丝带漂浮于湖泽之上。东起"观光农业展示园"，沿"芳草寻鹤"西北沿岸环行至"汉墓遗址园"，中部向西跨过南水北调干渠通往沁河上游，实现园博园多维交通，为游人带来丰富的游览体验。

由于园区的中部被沁河、西湖水库和溢洪道隔开，修建了一条全长约1.5km、从水库北侧边缘"划过"的多功能栈桥，使园区内部可以形成一条完整的主交通环线。

梦泽虹桥独特的空间形态设计对桥梁的结构提出了新的要求。栈桥的支撑系统不仅要随桥板的高低起伏变化，在两个桥体分合衔接处还需同时满足结构共享时的承载和美观。为此设计提出了两套不同的结构支撑方案，并根据栈桥的最终形态选择了更简单、更灵活的结构形式，为工程的落地和最终的视觉效果提供了保障。

观光农业展示园

AGRICULTURE SIGHTSEEING EXHIBITION GARDEN

"观光农业展示园"是以农田改造为基础的生产性景观，保留了农田肌理现状，在满足游览观光功能的同时，又能向游客科普农耕文明。

农业展示园北侧是一座高度为 27.6m 的邯郸塔，是园博园的制高点。图案选用镂空设计的邯郸古汉字象形图案，白色和灰色形成强烈对比，增加邯郸塔的视觉冲击力。

观光平台是 5 条道路的交汇处，起着重要的交通转换和短暂休憩作用。

农业展示园栈道上有一处观景平台，呈"凹"字形，通过精心设计，用最少的笔墨来实现功能的满足与美的体验。

逐梦园

ZHUMENG GARDEN

梦文化为邯郸十大文化脉系之一,也是全国唯一,因此邯郸被称为"美梦之乡"。逐梦园是民俗印象系列的第一个景观单元,园中通过空间尺度和特殊材料变化,向游人展示出梦的5个阶段。

第一个阶段是"波动",通过一条长长的嵌入式甬道,利用地形和镜面不锈钢板的组合来控制空间感受和光线,将游人从现实带入梦境世界。第二个阶段是"专注",通过控制游人视线,使其在黑暗世界中将注意力集中在自我之上。第三个阶段是"平静",带着游人突破狭小的空间,来到一处开阔境地,在过程中重新静下心来,准备进入更深层次的梦境。第四个阶段是"探索",带领游人穿过水面到达园区主空间中央,在水雾中尽力分辨真实的世界与水中的倒影。最后一个阶段是"光明",透过光线让游人在镜面不锈钢柱阵中邂逅无数个"自己",在梦醒时刻的亦真亦幻中完成逐梦园的游览体验。

醉香园
ZUIXIANG GARDEN

"醉香园"展现的是邯郸非物质文化遗产之一——贞元增酒传统酿造工艺。设计以其酿造工艺为主题，隐喻着利用大地智慧的古老农业文化。整个区域占地约 2200 ㎡，由椭圆螺旋步道、种植台地和一个广场组成。游人在通过一个小型的入口空间后，沿半下沉式步道缓步下降进入园景内部，在高粱、美人蕉的包围下，寻着酒香来到广场当中。广场中央有 3 个圆环状喷雾装置带，喷出带着酒香的水雾，让游人仿佛置身于酿酒现场之中。

结草园
JIECAO GARDEN

邯郸魏县土纺土织及大名县的大名草编入选了2008年第二批国家非物质文化遗产名录。"结草园"以"大名草编"为设计主题，以"编织"为设计理念，将传统工艺用现代景观的语言重新诠释，将传承千年的技艺和现代工艺融合进这片场地之中。设计由一条"草编"和"藤编"交织的廊架为主体，用抽象的手法表现出传统技艺的张力。游人在廊下游览或小憩的过程中就能欣赏到邯郸本地编织的特色纹理，还能感受到传统工艺带来的震撼。

诗词园
SHICI GARDEN

邯郸是全国首屈一指的成语典故之都,跟邯郸市有关的汉语成语典故多达1500多个。

"诗词园"展现的是邯郸千年的成语文化——设计以战国至魏晋时期的书写材料"竹简"为意向,整个园区如竹简书卷一般缓缓展开。园区中的两条曲折步道串联起12面青砖墙,墙上刻着出自邯郸的经典诗词。园区东侧则是一整面成语装置墙,游人可以在这里找到160多条与邯郸直接相关的成语。在夜晚,成语墙还会被灯光点亮,为游人带来更加震撼的视觉效果。

母子公园

PARK FOR MOTHER AND CHILDREN

"母子公园"是园区亲子活动场地。设计理念是由一条"S"形廊架串联整个场地，针对不同年龄段儿童的行为和活动特征进行设计。廊架内部设计两处母婴室，满足喂奶、储物、儿童厕所等功能。

水滴广场，针对0~2岁的幼童及其家长设计。场地呈圆形，圆形的中心为种植池。4个小圆和外围大圆之间的空地种植了丰富的植被，起到了遮阳作用。水系及旱喷广场，针对3~4岁儿童设计，主要提供玩水、亲水、喷泉互动等功能。旱滑广场，针对5~6岁的儿童设计，整体呈长圆形，场地分为内外两部分：外部是环形长廊攀爬，内部为儿童滑板场及蹦床种植广场。茂林活动广场，针对11~12岁的大龄儿童设计。

场地的最东侧为景观小火车区，此处保留了原始的地形，景观小火车可在高低起伏的自然地形中穿梭。

浮光览月沉醉诗词幻境 梦泽飞虹洞见结草之美

FUGUANGLANYUE IS INTOXICATED WITH THE DREAMLAND OF POETRY, MENGZEFEIHONG SEIZES THE BEAUTY OF GRASS

山水邯郸 文艺汇演
LANDSCAPE HANDAN ART SHOW

▶ 杂技

2020·印象园博
HANDAN   Impression of Garden Expo

◀ 乐队演奏

河北省第四届邯郸园林博览会于2020年9月16日盛大开幕，11月28日顺利闭幕。在本届园博会75天的会期中，邯郸市东风剧团、邯郸市平调落子剧团、邯郸市艺术团和邯郸市艺校等演出团体，每天上午10点，在园区内为游客奉上精彩的演出。国庆、中秋双节期间，园内还举办了发放小国旗、与国旗合影等多种形式的庆祝活动。

据了解，本届园博会按照热烈、专业、节俭的办会原则，并结合园博园内的布局以及观摩路线，设计了一个个主题鲜明、形式多样、点面结合的全景式节点演艺，让现场演艺融入自然风景，达到自然交融、和谐相宜的观赏效果。除杂技嘉年华是邀请广东省汕头市杂技团表演外，其余参演人员全部为邯郸市艺术院团和群众文艺爱好者。

邯郸交响乐队，由65位邯郸本地乐手组成，在园博会期间演奏了《一二九师出太行》《昂首迈进新时代》等原创交响乐和多首世界名曲，为园博会献礼。

河北省第四届（邯郸）园林博览会
The 4th (Handan) Garden Expo of Hebei Province

▶ 汉服朗诵

▶ 水袖舞

◀ 花伞旗袍

▶ 彩绘园博

邯郸在校小学生，身穿汉服，诵读古典诗词，抑扬顿挫，朗朗上口。国学文化在孩子们幼小的心里埋下了种子，深受孩子们的喜爱。

来自邯郸艺术学校的 30 名学生表演了"水中仙子"戏曲水袖功夫，展示了中国戏曲文化的基本功，是国粹戏曲程式化表演的亮点。这些学生是邯郸文化艺术的后起之秀，也是邯郸文艺事业的接力人。

50 名穿着旗袍的优雅女性撑着花伞走秀，她们表演的节目是"绿廊彩虹"。那一把把绚丽的小花伞，象征着时代的娇艳，一身身精致典雅的旗袍，象征着生活的精彩。她们款款而行，走出了百姓生命的优雅，踏出了百姓生活的自信。

草坪上 60 名中小学生用水彩笔、油画笔描绘了园博园的水墨丹青，他们画作的主题是"彩绘园博"。绿荫下的民族小乐队，用娴熟的指法，悠扬抒情的旋律，演奏了"园博会畅想曲"系列曲目，迎接八方宾客。

▶ 民族小乐队

▶ 民乐

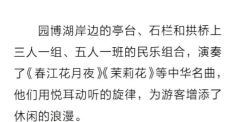

园博湖岸边的亭台、石栏和拱桥上三人一组、五人一班的民乐组合，演奏了《春江花月夜》《茉莉花》等中华名曲，他们用悦耳动听的旋律，为游客增添了休闲的浪漫。

茶艺表演，分设5组茶台，由20位女士进行表演，盛情邀请各位领导嘉宾，端杯品茶。街舞表演，迎合了青少年游客的审美，跳动着时代的节奏，舞动着青春的活力。杂技是艺术领域内一枝鲜艳的花朵。25位杂技演员表演了"杂技嘉年华"节目。他们沿着嘉宾通道，采用嘉年华巡游方式，展示杂技风采。

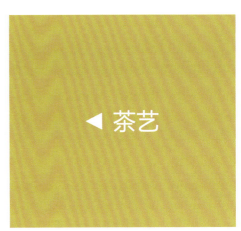

◀ 茶艺

▶ 街舞

▶ 赵王出征

▶ 成语故事情景剧

 ◀ 罗敷采桑

▶ 太极

"赵王出征"节目，骑马走在最前面的是赵王的7员大将，个个威武神勇。其中身穿金盔金甲、斗篷佩肩、三缕长髯的就是胡服骑射、名扬天下的赵王。他亲率雄师，威武出征。经他改革后的赵国军队，骑马善射，所向披靡，为赵国开疆扩土，立下了汗马功劳。

成语典故是邯郸独有的文化脉系，是中华文化宝库中的璀璨明珠，因而邯郸被称为成语之都。邯郸成语典故系列情景剧，表演了成语故事《奉公守法》《毛遂自荐》《邯郸学步》《负荆请罪》《一言九鼎》《黄粱美梦》等，彰显了邯郸文化的精髓。

自古燕赵多美女，赵国美女罗敷，虽然是民家女子，却有着倾城的容貌。舞蹈节目"罗敷采桑"以优美的肢体语言，再现古代邯郸百姓的勤劳与智慧。

邯郸广府太极拳，盛誉世界，杨露禅缔造的杨式太极，为中华武术拓展了疆域。"世界太极节"多次在邯郸广府城隆重举办。150名太极拳手，表演了"太极之光"。

河北省第四届（邯郸）园林博览会
The 4th (Handan) Garden Expo of Hebei Province

▶ 模特表演"窑火千年、磁州印象"

邯郸工业遗址是代表邯郸工业基地的历史符号，邯郸的钢铁、煤炭、纺织、陶瓷等在全国享有盛誉。分散在脚手架上的100名工人们，用铿锵有力的声音，表达了工友们战天斗地的创业精神。

邯郸磁州窑，千年的窑火，生生不息。模特表演了"窑火千年、磁州印象"节目，展示了磁州文化的深厚底蕴。

推开历史的窗，打开春秋的门，喝一壶3000年的老酒，品一品邯郸味儿。原创歌曲《邯郸味》向宾客们述说邯郸的美食文化、美景文化、邯郸人的滏水柔情和太行山的宽广豪放。两百名水冰舞蹈队员伴舞，跳动着邯郸的韵律。歌手演唱了邯郸原创作品《心灵的驿站》歌曲，两百名模特伴舞走秀，表达了邯郸3000年的等待，3000年不变的情怀。邯郸是心灵的驿站，邯郸在等你。歌手还演唱了园博会主题歌《绿水青山不了情》，邯郸艺术学校舞蹈队为其伴舞，为园博会助力喝彩。

各种文化展演活动令人目不暇接，把园博园装点得更加生动灵秀。同时，本届园博会还将采取线上线下相结合的方式，利用直播、5G等技术和抖音等平台，对园博园各场馆以及景观节点等进行网上直播、宣传推介。

▶ 其他文艺节目

▶ 歌曲秀

邯郸市非物质文化与城市生活系列活动
SERIES ACTIVITIES OF INTANGIBLE CULTURE AND URBAN LIFE IN HANDAN CITY

2020年9月16日,以"山水邯郸,绿色复兴"为主题的河北省第四届园林博览会在邯郸市复兴区盛大开幕。由邯郸市文化广电和旅游局主办,邯郸市群艺馆承办的河北省第四届园博会——"邯郸市非物质文化与城市生活系列活动"板块"非遗"项目展示活动成功举办,助力河北省第四届园林博览会开幕式,受到广大游客的欢迎和喜爱。

此次展览展示活动中,从全邯郸市精心筛选、组织了涵盖传统手工技艺、民间美术、传统戏剧等几个大类,其中有能体现地方文化特色、产业开发成效突出的肥乡沙窝木镟、肥乡传统棉纺织、涉县茶饭、复兴区手绘画、丛台区面塑、丛台区泥塑、邯山区二毛烧鸡、磁县剪纸、峰峰磁州窑、峰峰和村香醋、冀南新区虎头鞋、临漳流珠、馆陶黑陶、馆陶粮食画、大名草编、大名滴溜酒、大名小磨香油、广平水陆画、魏县申家饸饹、武安固镇菜刀、永年古建砖瓦、邱县木雕、成安烙画、冀南皮影戏等50个项目,均以实物图片现场展示、产品线上线下展销、游客现场互动体验等形式于本次活动中展出。

成安烙画通过在葫芦或平板上烙画,制成古朴典雅、回味无穷、独具特色的烙画工艺品,供人们观赏、装饰房间、美化环境。烙绘技法,主要有线描、渲染及润色等。成安烙画扎根于成安民间,其用料采自成安地域本土,画风古朴典雅、清新自然,具有鲜明的地方特色。作为独具魅力的装饰品,成安烙画深受广大民众所喜爱。

成安豆瓣酱

豆瓣酱作为日常生活调味品至少有200年以上历史。成安农村家家户户均有制作豆瓣酱之风俗。成安县传统黄豆酱的制作技艺,秉承制酱工艺之优秀传统和历史文化内涵。"豆瓣做酱,馋死皇上""老酱晒红脸,狸猫也敢添"表达出豆瓣酱诱人的美味。成安豆瓣酱的制作技艺采用天然黄豆为原料,后经蒸煮、发酵、晒制、研磨而成,酱香浓郁、富含营养。

丛台区面塑

面塑源自传统饮食文化,河北等地也有把面塑称作"面花""花馍"和"礼馍"的,因花式各样而得名。面塑制作原料以白面为主,另有豆子、枣、米类等辅料;制作工具为普通剪刀、梳子、刀具等;制作手法有切、揉、捏、揪、挑、压、搓、拨、按等。

面塑艺术内涵丰富,色彩鲜艳,造型千姿百态,凝结匠心,具有浓郁的地方特色,表达了人们对美好生活的憧憬。邯郸地区过年期间和庙会走亲访友都少不了带上花糕、花馍

成安烙画

成安烙画历史久远,相传西汉时期就已产生,到明、清时盛行。当时"刘记画行""张记画行"聚集了一大批能工画匠,除进行彩绘、泥塑外,还在木制家具、扇骨、梳篦上面烙制工艺画。20世纪50年代以来,烙画制作工艺及工具,经不断改革,由"油灯烙"换代为"电烙",将单一烙针或烙铁,换代为专用电烙笔。

等食品，这些都是面塑的一种最基本表现。邯郸地区独特的"送羊"风俗是人生礼仪中一项重要内容，所送的面羊和配送的面食动物、果蔬等，都是民间精美的面塑艺术品，具有极高民俗研究及美学研究价值，也是一种民间传统文化传承的好方法。

成安剪纸

剪纸起源于古人祭祖祈神活动。最初人们以雕、镂、剔、刻、剪的技法在金银箔、绢帛、皮革，甚至树叶上剪刻纹样。成安剪纸艺术是历史悠久的群众性传统民间艺术活动，其始于汉代。自汉代纸发明开始，明清剪纸手工艺术趋向成熟，且达到鼎盛时期。成安剪纸保留了典型的汉唐风韵艺术特征及深厚的历史文化内涵，造型具有浓厚的地方特色，创作题材丰富，大多包含美好寓意。每逢春节、婚典等喜庆日子，人们常剪出窗花、双"喜"字、"福"字、炕沿花边等贴于各处烘托气氛。

成安陶泥

成安县陶泥制作，选用有"中国四大名陶"之称的坭兴陶为制作原料。坭兴陶以特有紫红陶土为原料，耐酸耐碱，无毒性，独具透气而不透水的天然双重气孔结构，有利于食物长久储存。坭兴陶的泥质含水量适中，质地细腻，可塑性好，结实润滑，用其制成的陶坯坚而不脆，硬而不散，柔而不软，韧而不粘。成安县陶泥制作流程，经历了选土、晾晒、球磨、练泥、拉坯、修坯、制作、烧制、出窑、打磨、整口、包装、成品等多道工序。成品壶形优美，集实用性和观赏性于一体。

磁县磁州窑

磁州窑是中国传统制瓷业的珍品，也是中国古代北方最大的民窑体系之一，属著名民间瓷窑，古代有"南有景德，北有彭城"之说。磁州窑在北宋中期创烧时就已达到鼎盛，南宋、元明清仍有延续。其窑址位于今邯郸市峰峰矿区彭城镇和磁县的观台镇一带，磁县宋代叫磁州，故名为磁州窑。磁州窑烧制技艺主要有手工拉坯、手工绘画、手工雕刻等传统工艺。瓷器特征以当地大青土为原料制作器物的胎体，于白度不高的胎体上先施一层白色化妆土达到"粗瓷细作"的效果，然后再运用划花、刻花、剔花、印塑、绘画、彩釉等多种多样的技法来装饰瓷器。磁州窑具有丰富多彩的装饰题材，将民间喜闻乐见的花鸟鱼虫、珍奇瑞兽、山水人物、戏曲故事、诗词曲赋、格言民谚、婴戏杂剧等绘于瓷器之上，形成质朴、洒脱、明快豪放的艺术风格，具有鲜明的民族特色，对国内乃至世界陶瓷产生了深远而巨大的影响。

磁县剪纸

剪纸又叫刻纸，是一种镂空艺术，特点主要表现在空间观念的二维性、刀味质感、线条与装饰、写意与寓意等诸多方面。剪纸的内容很多，寓意广泛。剪纸在磁县又称窗花、剪花、剪彩，是民间最流行的一种传统装饰艺术，以剪刀和刻刀为工具，将纸剪出各种形状，并采用阴阳、虚实相间的手法刻画内部线条和花纹，通过虚与实、阴与阳的对比体现图案；这些图案有各种花、鸟、动物、人物和吉祥等样式，在民间节气、风俗活动中作为一种装饰营造出各种环境气氛。磁县民间剪纸遍及城乡，村中妇女人人都会。磁县剪纸分单色剪纸、染色剪纸两大类。2001年磁县荣获"河北省民间艺术之乡（剪纸）"称号。

冀南新区虎头鞋

虎头鞋是一种吉祥物，虎头的活灵活现异常可爱。虎，兽中之王，寓意为孩子壮胆、辟邪、长命百岁、保健康，其颜色搭配有助于儿童视觉发展。布艺虎是纯手工制作，工艺细致，结实耐用，一把剪刀，一块布料，一点点勾勒图样，一针一线缝制拼合，再填充棉花等，经艺人巧手缝制后，一只只栩栩如生充满老虎元素的布艺工艺品展现在人们眼前。关于布老虎系列的产品有虎头鞋、虎头枕、虎头帽、红肚兜等产品开发，其中部分产品还申请了版权和专利并注册虎头虎脑商标，冀南新区虎头鞋致力于将这项传统项目推向国际市场。

磁县胖妮熏鸡

胖妮熏鸡起源于磁县磁州镇滏阳街焦家，距今已有百余年历史。胖妮熏鸡水分少、皮缩裂、肉外露、香味浓、肉质嫩，俗称存放一年不变质。胖妮熏鸡由传统方式制作而成，选料相当严格，需选用一年左右的肥嫩户养家鸡，经十道工序，加十几种香料，上笼熏制；在熏制过程中不但要连续翻动，而且还要掌握烟量、火候与锯末的多少。虽然工艺繁琐，但制作出来的熏鸡水分少，保质期长，且熏香味深，色泽紫褐油亮，香酥鲜美。胖妮熏鸡在2003年被评为邯郸地区风味名小吃。

丛台区泥塑

泥塑是一种古老而常见的传统民间艺术。邯郸历史悠久，在新石器早期的磁山文化遗址中就已出土许多泥制陶盂、支架等陶器，这种原始的制陶业，本身就是一种泥塑作品。邯郸两汉墓葬中曾出土了为数众多的陶俑、陶兽、陶屋等，其中有手捏也有模制，反映出泥塑发展和演变。

泥塑在民间俗称"泥玩"，制作原料较为简单，主要是泥土、草秆和棉花，然后在立好的雕塑木架上进行敷泥，以手工拿捏成形，再进行雕刻或彩绘，最终获得成品。作品以人物、动物为主，中大型泥塑还要在内部建造骨架以增加强度。广义的泥塑包括泥塑、陶塑、彩塑等。通常泥塑会选用一些带黏性且细腻的土，经捶打、摔、揉，有时还要在泥土里加棉絮、纸、蜂蜜等。泥塑艺术具有强烈的视觉冲击效果，欣赏角度也极为丰富和多样化，更能贴近人们的生活。泥塑艺术品在现代社会仍流传不衰，尤其是小型泥塑作品，既可观赏陈设，又能供儿童玩耍。

冀南皮影戏

皮影戏最早时期以火光、油灯做光源，以树皮、树叶及各种动物的皮张做道具，是民间大众娱乐嬉戏的一种方式，所以叫"影子戏""灯戏""皮影戏"等。冀南皮影戏，系宋代中原皮影戏的嫡脉流传。据记载，北宋灭亡后，一些能工巧匠及皮影艺人在被押解的路上半路逃跑，其中一部分艺人在冀南一带安家，将皮影艺术逐渐传开，主要分布在河北南部，后逐渐影响到冀中、冀北等地区。

皮影造型以中国传统戏剧为依托，以民间剪纸样式出现，造型粗犷古拙，其雕镂并不精细，许多地方不用刀刻，而是直接彩绘，这种雕、绘相法的风貌继承了宋代中原皮影"绘革"之遗风。民间艺人对于影人的造型、色彩和雕刻的处理，又受到戏剧脸谱的影响，故逐渐形成既有程式化、又各具角色特征的造型体制。邯郸地区以唱皮影戏来祈福、酬神，并作为村民的娱乐。皮影戏剧目丰富，演唱口传心授，对白幽默风趣、口语化，表演起来通俗易懂，具有鲜明的地方特色。

丛台区传统木偶

木偶艺术古称傀儡戏，是中国艺苑中一枝独秀奇葩，在我国有悠久的发展历史。据史籍记载，周朝中原地区就有木偶制作和流传，表演技术也十分高超。汉代时期，已有可坐、立、跪、灵活操纵的木偶实物在各种场合进行表演。木偶的制作和演艺，经历史衍变流传至今，形成了品种繁多、风格迥异及不同流派的木偶造型艺术。其中有布袋木偶、提线木偶、仗头木偶、拉线木偶、铁线木偶等众多品种，可进行丰富多彩、形式多样的戏曲、话剧、歌舞剧、连续剧等表演。木偶玩具则是以杂木车成圆柱体、球体或半球体，再运用变相夸张的艺术手法加以雕刻、拼接、彩绘和装饰而成的人物及动物玩具，具有简洁、明快、生动、传神的特点。传统木偶蕴藏着各地各民族的思想习俗和审美意识。

大名草编

大名草编历史悠久，迄今已有千余年历史，起源于南唐，兴盛于北宋年间，流传至二十世纪七八十年代，大名全县百姓人人掐草辫，草辫叫"花元草"，又称"草龙"，主要制作草帽、提篮、草垫等生活用品。近年来，大名草编在传统工艺基础上融国画艺术、历史文化、民间刺绣工艺于一体，增添了服饰、戏剧脸谱、室内装饰品，以及用麦草制作的贴画、贴盒、壁画、艺术字等艺术品，多表现花鸟虫鱼、虎啸深山、鹿鸣翠谷、悬流飞瀑等题材，造型别致、品位高雅，具有较高实用价值、观赏价值和收藏价值，深受人们喜爱。

大名滴溜酒

大名滴溜酒出自唐代，其传统酿造技艺源于公元697年。据记载，唐朝名相狄仁杰在魏州做刺史时深受百姓爱戴，狄公喝到当地酿制的酒赞不绝口，后入朝特将此酒奉贡女皇武则天，并将其旨为御酒。大名人为感念狄公，故取名"狄留酒"。后因狄公遭奸臣陷害被贬,为避讳故更名为"滴溜酒",传承至今。

滴溜酒酿造技艺以华北特产的高粱为原料,小麦制曲,稻壳做辅料,采用酒醅发酵,分批蒸烧,缓慢蒸馏,分级摘酒,可谓匠心酿造,精心勾调。"滴溜酒"属典型浓香型白酒,有无色透明、芳香浓郁、入口绵软、落口甜净、回味悠长之特点。曾先后荣获"河北省政府振兴河北经济奖""河北名酒""河北省我最喜爱的金质信任奖""河北省名牌产品""河北名牌"等荣誉称号。

大名小磨香油

大名小磨香油传统制作技艺源于大名县沙疙瘩乡儒家寨村,始创于明永乐年间。创始人李某自山西迁民儒家寨村时,曾携带一盘石磨,以小磨香油为业。明朝天启年间,刑部尚书李养正(大名县大韩道村人)将小磨香油进贡给天启皇帝,天启帝品尝后赞不绝口。小磨香油传至乾隆年间始终无字号招牌。后以"五鹿香"为字号沿袭至今,已有600余年。大名小磨香油采用本地优质芝麻,采取传统石磨水代法制作技艺,产品因其香气扑鼻、香味浓郁而得名,系列产品有芝麻酱、芝麻粉、小磨香油、熟芝麻、脱皮芝麻等,被列入为"国家地理标志保护产品"。

肥乡"落花堂木刻"

肥乡区"落花堂木刻"由古时家具配饰、门檐花棱雕刻传承而来,历经几代人的研修与提升,已经从原始的机械性纹饰雕琢,提升到如今的写实性艺术表现形式。古拙、古风、古韵并存,传承远古信息,融入现代生活。"落花堂木刻"主要以刻制书法闲章、花鸟鱼虫、人物及动物为主,技法上有阳刻、阴刻、线刻、浮雕、蝉翼雕等不同形式。重写实、重意境、重古风、重刀法。"觅新中不弃古韵、华美间悠荡清风",更多地从精神层面来赋予作品人文信息及古风诗韵。

肥乡沙窝木旋

肥乡区沙窝村的木碗套旋技艺是迄今为止工具非常古老、手法最为奇特的一项手工技艺,借助于脚踩或手拉式的旋床对木材进行削切,制成各种圆形生产生活用品,相比普通旋法,可节约木料30%左右,充分彰显出中华民族的智慧。沙窝木旋技艺在肥乡区元固乡沙窝村延续500年之久。肥乡区木旋技艺先后被邀请到美国、柬埔寨、缅甸、老挝等国家展示。

肥乡传统棉纺织

肥乡区传统棉纺织又名老粗布、手织布。其历史悠久,工艺繁杂,图案极具特色,其中张庄棉纺织技艺最具代表性作品是织字工艺,民间织布艺人用木织布机、自染各色彩线,预先勾画好衬在经线下面的文字、图案,通过跳梭、换线等技艺,在布面上织出装饰体和书法体的文字、对联、各种花草、人物等图案。目前能织出隶书、楷书、行书、草书等多种字体,民间艺人织出的毛体书法"为人民服务"、"福"、"寿"、奥运图案、古装仕女等曾多次参加省市展出,受到各界一致好评。

肥乡剪纸

肥乡剪纸历史悠久,是以民俗为载体,用剪刀或刻刀在彩纸上剪刻花纹图案,用于装点生活或配合其他民俗活动的民间镂空艺术。其主要表现形式以阳剪为主,阴剪为辅,阴阳结合3种。在选材上,肥乡剪纸有多种彩色纸,如植物的叶子、布、树皮等。内容取材方面,有民风民俗、动物植物、文字图案、中国风系列、民间传说、历史典故、时令要闻、名人轶事等。现已成为装饰家居、美化环境最为流行的饰物形态。

肥乡蛋雕

蛋雕艺术起源于20世纪初期,经几代人传承发展,如今的蛋雕艺术除沿用贴、画等传统手法之外,仍在不断创新,先后以浮雕、烙烫、镂空等手法进行,使创作作品兼具观赏价值和收藏价值。近年来,肥乡蛋雕先后创作有历史重大事件、四大美女、八仙过海、京剧脸谱、十二属相等大小不同、形态各异的作品200余件,曾在省、市举办的各类活动中进行展示展销，深受广大消费者青睐。

贞元增酒

邯郸贞元增酒始创于明朝弘治年间（公元 1496 年），是邯郸酿酒文化杰出代表，其工艺精湛、风格独特，乾隆皇帝曾御笔亲封"美酒十千醉不辞"。1999 年国家国内贸易部将其认定为"中华老字号"。邯郸贞元增酒先后荣获国家质量奖银质奖章，"中国酒文化经典品牌""中国知名品牌"及"河北省著名商标"。

峰峰和村香醋

峰峰和村香醋酿造历史悠久。明清时期和村有名的醋铺有"福和兴""天庆恒"等。其酿造技艺主要选择优质小麦、麸皮、玉米、谷子等为原料，采取独特的传统工艺配方精酿而成。目前和村香醋为适应市场经济发展，积极开发新产品，主要有普通型、风味型、礼品型、营养保健型、果味型 5 大系列 30 余种，现已投入到不同消费市场。

复兴区剪纸

邯郸剪纸艺术历史悠久，流布地域广泛，是我国最著名的民间艺术形式之一，剪纸多以红纸剪成，剪纸艺术题材丰富、造型生动，作品表现力极强，有无比的广度与深度，细可如春蚕吐丝，粗可如大笔挥墨，有其他艺术门类不可代替的特性。复兴区剪纸代表作品有《成语典故》系列、《二十四式太极拳》《富贵牡丹》《梅、兰、竹、菊》四君子、《三百六十五个祝福》《福、禄、康、宁、寿》《二十四孝》《王朗传说》《八仙过海》《仕女图》等，曾多次在国家省市级参加展览，并屡获大奖。

复兴区手绘画

复兴区民间手绘年画大部分构图讲究，在有限的画面上合理安排虚实、主次关系、画面呼应等对称统一原则。民间手绘画传承人黄颖经多年钻研，吸收了木版年画、壁画、工笔重彩、唐卡、扑灰年画的精髓，从而创立民间手绘年画。手绘年画材料选用天然矿物质颜料绘制，经家传秘方配制而成。作品采用分染技艺，纯手工填充。在创作构图上表现欢乐、诙谐、幽默、红火、勤劳质朴的民族情感。民间手绘画作品曾多次参加入选国家、省级、市级书画作品展，深受业内人士好评。

复兴区叶脉画

叶脉画世代传承，纯手工制作，系采用纯天然菩提树树叶，利用生化技术处理后，在叶脉上绘画的新一类工艺美术品。突显叶脉，是叶脉画独一无二的亮点，所以利用生化技术去茎叶肉是关键工序。其中，脱肉制叶、褂膜绘图着色是难点。在叶脉上绘画必须挂膜，只有配制浓度适宜的胶液才能保证所绘画面亮度好、厚度一致。叶脉画成品薄如蝉翼，晶莹剔透，做工精致，小巧轻便，便于携带。

馆陶黑陶

馆陶黑陶制作是新石器时期龙山文化典型代表，属断代文明。

馆陶黑陶具有"黑如漆、明如镜、薄如纸、硬如瓷"之特点，是"土与火的结晶，力与美的诠释"。它选用得天独厚的黄河古道河床下纯净而细腻的红胶土为原料，经手工淘洗、选泥、打浆、过滤、陈腐、捶练、糅合制成泥料，再经过拉坯成型、利坯、轧光、雕刻、干燥、擦光、入窑等工序，用以"封窑熏烟渗碳"方法烧制而成。馆陶黑陶形成镂空、挑点、浅雕、浮雕、线刻、影雕、彩绘、漆画、镶嵌等 9 大系列，达千余品种。

馆陶粮食画

馆陶粮食画源于唐朝，以各类植物种子和五谷杂粮为原料，经精选和高科技处理后，再根据设计的图案，通过粘、贴、拼等十几道工艺处理而成，立体感强，保持生态自然本色，被学者誉为"种在画板上的粮食，挂在墙上的黄金"。目前粮食画产品已具 8 大系列，上千个品种，其产品畅销全国各地。粮食画产品荣获"中国自主创新品牌""中国著名商标"。

馆陶乾隆御酒

馆陶乾隆御酒传统酿造技艺的传承与发展由来已久，在继承传统酿酒技艺的同时，经不断研究与探索，严格选取优质粮食作物。在传统粮食发酵的基础上，特别添加宁夏枸杞、新疆大枣、馆陶黑小麦冀紫 439（属中熟冬小麦品种）入窖蒸馏而出的杞枣贪黑酒系列，不仅风味独特，更为传统白酒增加营养，杞枣贪黑酒已申请国家发明专利。

广平水陆画

广平水陆画又称水墨布画，始传于明末清初，清代康乾盛世时期最为鼎盛。水墨布画，即用水墨为颜料在特制的纯棉布上绘制的画，颜料由烟筒灰、松烟灰、鳔胶、水等，按比例调和而成，绿色环保无污染，能够在多种气候环境下不褪色、不变色，易收藏。

水陆画与敦煌壁画有直接渊源关系，被学者称为"可流动的壁画"。广平水陆画内容主要取材戏剧人物、历史故事、神话传说、民间习俗等，是民间传统工艺画的一种。在画风上继承了宋、元时期绘画传统风格，又吸收了明代版画和年画的韵味，是我国民间原生态绘画艺苑的一枝奇葩。

广平陶艺珐华彩

珐华彩也称"法花彩"、"珐花彩"。原指珐华器所施彩，后来将瓷器上用珐华器施彩的方法施彩称"珐华彩"。其特点是工艺精细，色彩鲜明，纹饰凸出瓷胎表面，立体感强，装饰效果强烈。埙是汉族特有的闭口吹奏乐器，用陶土烧制而成，在世界原始艺术史中占有重要的地位。广平珐华彩陶埙，挑选最朴素的陶泥，经潜心塑造制成各式埙，再施以珐华色彩，经多次烧制，最终制成每件都是独一无二的珐华彩陶埙。

邯山区二毛烧鸡

"二毛烧鸡"又名"珍积成烧鸡"，创始于清朝仁宗嘉庆十四年（公元1809年）直隶大名府城内，世代嫡传，采用百年老汤、祖方秘料传统加工工艺，保持了原汁原味的百年老字号名吃。为使珍积成烧鸡从大名走向全国，在继承传统的同时，以技立业、考究创新。逐渐形成了选料精、配料全、造型美、火候准的制作工艺特色，产品色、香、味、型、补俱全，人们常以嫩烂脱骨、肥而不腻、鲜香醇正、回味悠长而赞之。改革开放后，为使祖传珍品珍积成烧鸡依法得到保护，便将老字号"珍积成"注册商标，并在互联网进行国际域名注册。1999年，"珍积成烧鸡"被中华人民共和国国内贸易部认证为"中华老字号"。

永年大糖

永年大糖（又称芝麻糖、南糖）传统制作技艺自清朝至今已有300年历史。永年大糖是地方名吃，制作工艺较复杂，包括蒸饭、蹲缸、发缸、熬浆、炒糖、上糖、扣糖、切糖、汽糖、挂芝麻等十余道工序。经几代传承人的不懈努力，永年大糖在传统工艺基础上研发探索饮食文化的传承发展，产品由原来的单一芝麻大糖形成现代花生酥糖、核桃酥糖、瓜子酥糖、米花酥糖等一系列产品，甜香酥脆，备受青睐，产品畅销周边地区乃至东北等地。

武安来兴沙洺香醋

沙洺"制醋"历史源远流长，有3000年以上的历史。清朝和民国时期，沙洺"制醋"很兴盛，从武安城以西、摩天岭以东的全县西部地区，唯独沙洺有"制醋坊"。选用优质高粱、小麦、大麦、小米、大米等五谷纯粮酿造，古老传统的制醋技术流程是：制曲、蒸料、酒精发酵、醋酸发酵，经过熏缸、淋缸、过滤、灭菌等数道工序后，制成成品醋。沙洺香醋继承了沙洺村千余年来酿醋的传统技术，利用山上中草药过滤的山泉水，选用各种原燧，应用古老传统纯手工操作方法与现代技术相结合，形成了自己独特的制醋方法。生产出来的米醋，香、酸、绵、甜，营养丰富，独具特色，深受广大消费者的欢迎。

武安传统棉纺织

粗布又被称为"老土布"，在我国已有2000多年历史。武安粗布兴盛于明清，在1950年前后，织布手工技艺之娴熟程度已炉火纯青。传统纯棉土织布工艺流程较复杂，主要工序有搓棉絮、纺线、拐线、络线、经线、掏缯、穿杼、上机、纬线、织布。织好的布要先用清水浸泡，挂于通风处风干，然后放在石头上用木棒捶打方可进行加工，目的是为提高布的柔软度。这种手工织布的主要特点是绿色天然、环保健康、质地柔软、透气吸汗、富有弹性、肤感舒适，具有机织布无可替代的优越性，深受青睐。

武安固镇菜刀

打铁是民间古老的技艺，有上千年历史。武安固镇夹钢菜刀原料由铁块、不锈钢块、钢板锻打而成（使用钢板、不锈钢板的边角料，废旧利用，节约资源）；挑选一块铁块、不锈钢块煅烧，用刴子将铁块开槽后夹入钢条，通过高温将钢与铁熔为一体锻打成刀。夹钢具有锋利、易磨、耐用等诸多特点，受广大用户好评。刀把使用双木柄夹刀柄铁板，用铁棒、薄钢板等牢牢固定，经久耐用，手感软和，厨师连续用一天都不会感觉硌手。夹钢菜刀制作过程繁琐、细致、费工费时，故生产量有限。

永年古建砖瓦

永年古建砖瓦烧制技艺，流传至今已有千余年历史，工艺特色保留了传统技艺的流程和精细，规格多样，样式丰富，造型古雅，做工精良。青砖青瓦烧结完成后，其产品呈青灰色，冷中带暖，给人以沉稳、古朴、典雅、大气、宁静的美感，且不透风、不渗水、不风化。主要产品是古建用方砖、长砖、琉璃瓦、青瓦砖雕及各类瓦当构件，如勾头、滴水、筒瓦、板瓦、脊瓦、挡勾、博古、正吻、三连砖、瓦条、圆混、双龙戏珠、宝顶、花盘子、跑兽、角尖、花边、瓦脸、鱼缸、花盆、泥塑、挂件、摆件等，多达200余种，造型多种多样，刻制形象逼真，尤其是其中凹凸图案的刻制，既有单个形象，又有成套故事，不论是云纹、花形，还是动物、人物，均是栩栩如生、活灵活现。产品以其丰厚的人文底蕴、精湛的工艺技术、深邃的文化特色深受古建市场喜欢并畅销全国。

永年香环虎头鞋技艺

永年虎头鞋是民间传统手工艺品之一，适用于婴幼儿，鞋头呈虎头模样，故称虎头鞋，也称猫头鞋。既有实用、观赏价值，又是一种吉祥物，民间赋予它驱鬼避邪之意。虎头鞋做工复杂，仅虎头上就用刺绣、拨花、打籽等多种针法。鞋面颜色以红、黄为主，虎嘴、眉毛、鼻、眼等处常采用粗犷线条勾勒，表现虎的威猛。其产品远销全国各地及海外市场。

永年驴肉制作技艺

永年驴肉制作技艺约起源于清代早期，最初以平常面饼卷夹煮熟的驴肉，清代早中期后，进一步走向制作和加工的精细化，在当地民间餐饮领域形成规模化制作，其中以马氏驴肉最为出名。清代末期，马氏驴肉制作规模不断扩大，在继承传统、吸纳同业优点的基础上精研深究，不断创新，逐渐形成独特的马氏驴肉制作技艺，其中尤以马连升驴肉香肠、马连升烧饼、全驴宴等闻名遐迩。驴肉香肠制作技艺的主要工序是选取精品驴肉剁成肉末，加上纯绿豆粉芡、小磨香油、多种名贵佐料调制成糊，灌入驴肠衣内，两头扎捆，在大锅内高温+蒸煮，最后用果树锯末熏制。整个流程需要几十道工序，关键在于配方的独特和对火候的掌握。马连升驴肉香肠被食客誉为"永年特色餐饮代言名片"。目前，全驴宴及驴肉产品及真空系列产品等20余种远销全国各地。

所有活动均以动静结合的形式进行现场展示、展销，并推广线下观摩、线上视频录播，各种"非遗"展区不仅在河北省第四届园林博览会上大放异彩，更为大会成功举办增加了独特文化符号。

近年来，邯郸市全面贯彻落实非物质文化遗产保护法律、法规及有关政策，结合乡村振兴和脱贫攻坚工作，加强引导和深入探索"非遗"生产性保护，努力激发"非遗"内在活力，切实让它们在育民、惠民、富民方面发挥示范、带动作用。本次"非遗"项目展示活动，基本呈现了鼓励"非遗"进行生产性保护所取得的积极成果，为进一步深入推动全市"非遗"保护实现创造性转化、创新性发展工作奠定了坚实的基础。

邯西生态区全民健身系列活动
A SERIES OF NATIONAL FITNESS ACTIVITIES IN HANXI ECOLOGICAL AREA

"生态园博·靓丽复兴"机关干部健步行

2020年9月30日,由邯郸市体育局、中共复兴区委、复兴区人民政府、邯郸广播电视台主办,复兴区教育体育局、区直工委、区妇联、团区委、文明办、园博园建设指挥部承办,邯郸交通音乐广播、邯郸妍烯文化传播有限公司协办的"韵动邯郸·2020"邯郸市复兴区"生态园博·靓丽复兴"机关干部健步行活动在河北省第四届(邯郸)园林博览会会址举行。本次活动还得到了邯郸美的·锦观城的大力支持。来自邯郸市、区的机关干部和全市的健步行爱好者共计1000余人相约在美丽的园博园,共同参与健步行活动。

参加此次活动的领导有:河北省体育局经济处处长康学

英；邯郸市体育局党组书记、局长于新中；复兴区委书记潘利军；邯郸市体育局副局长许雷；邯郸市体育局副局长韩林学；复兴区委副书记张军；复兴区政协主席白建功；复兴区委常委、宣传部部长闫士剑；复兴区政府副区长程楠；邯郸广播电视台副总编辑孙国红；河北省体育局体举柔中心竞训科科长张建辉及其他领导。

本次活动全程 6km，从园博园东门广场起步，依次穿越园博园北主游路、农业农垦园、景观桥、园博园南主游路，最终回到园博园东门广场。参赛选手们健步如飞，一路领略园博园的美丽景色，感叹大美复兴生态优先、绿色转型的巨大变化，感受生态健身的阳光魅力。

健步行活动是一项以促进身心健康为目标的大众有氧锻炼项目，环保时尚又健康。此次举办的"生态园博·靓丽复兴"机关干部健步行活动不仅可以锻炼身体，还能欣赏自然美景，陶冶身心。

"生态复兴·靓丽骑行"自行车活动

金秋十月，硕果飘香。为加快"经济强区、幸福复兴"建设步伐，进一步宣传复兴形象、提升复兴品位、庆祝复兴区建区 40 周年、祝贺河北省第四届园博会和喜迎邯郸市第五届旅发大会的召开，2020 年 10 月 17 日在邯郸市复兴区沁河生态片区郊野公园户村广场举行了"生态复兴·靓丽骑行"自行车活动。本次活动由邯郸市体育局、中共复兴区委、复兴区人民政府、邯郸广播电视台主办，邯郸市复兴区教育体育局承办，邯郸交通音乐广播、邯郸电视台科教频道协办，邯郸市妍烯文化传播有限公司运营。来自全市 200 余名骑行爱好者们相聚在美丽的沁河郊野公园，共同参与了此次活动。

参加此次活动的领导有：邯郸市体育局副局长许雷，复兴区委副书记张军，复兴区委常委、宣传部部长闫士剑，复兴区人大常委会副主任梁永瑞，复兴区政协副主席贾奉朝以及相关区直部门和乡镇街道负责人。

选手们经复兴区沁河生态片区郊野公园户村广场，沿沁河生态片区主游路（带红色步道）向西行至青年桥，桥下往北行至葛岩嵛村南道路，经德丰生态园北园骑行步道（一圈），再经沁源景区南园沁河源景区（大坝）往东，青年桥（桥下）沿沁河生态片区主游路（带红色步道）向东行进，最终回到户村广场，赛道全程约 30km。

绿色骑行活动，是一项深受大众喜爱的有氧运动，已成为现代社会绿色低碳、时尚健康、高品质生活的代名词，随着全民健身的不断深入，全市骑行运动快速普及，赛事规模逐年提升，运动水平逐年提高，受众人数居各项运动前列，获得社会各界的高度赞誉。

"生态园博·靓丽复兴"半程马拉松比赛

为加快"经济强区、幸福复兴"建设步伐，进一步宣传复兴形象、提升复兴品位，2020 年 10 月 24 日，"生态园博·靓丽复兴"半程马拉松比赛在河北省第四届园博会会址东门广场举行。邯郸市体育局局长于新中、副局长许雷，复兴区委书记潘利军，复兴区领导张军、白建功、闫士剑、李洪魁、程楠及区直各单位干部职工和来自全市 1000 余名马拉松爱好者们相聚于此，共同参与了此次活动。

本次活动由邯郸市体育局、中共复兴区委、复兴区人民政府、邯郸广播电视台主办，复兴区教育体育局、邯郸市马拉松运动协会承办，邯郸交通音乐广播、邯郸妍烯文化传播有限公司协办。

本次马拉松活动，精心选择了一条贯穿邯郸园博园和沁河郊野公园的最美赛道，着力打造最有魅力的赛事，让大家留下一段最难忘的"复马"回忆。跑道全长约 21km，选手们从河北省园博园东门广场起跑，经园博园北主游路、农业农垦园、景观桥、沁河郊野公园樱棠迎宾、沁河人家、户村

广场，沿沁河郊野公园主游路（带红色步道）向西行进后再经青年桥（原路折返）到园博园南主游路，最后到达终点园博园东门广场。

各位运动健儿、马拉松爱好者在这条穿越邯郸3000年建城史的跑道上，在绿水青山的沁河生态片区，跑出速度和激情，跑出活力与风采，跑出挑战自我、超越极限、坚韧不拔、永不放弃的马拉松精神。活动最后颁发半程马拉松比赛男、女各一等奖1名、二等奖1名、三等奖1名、纪念奖7名。

"大爱园博"系列主题活动
SERIES OF THEME ACTIVITIES OF "DA AI YUAN BO"

本届园博会以"生态、共享、创新、精彩"为目标，突出"节俭办会"，充分借鉴历届园博会成功举办的经验，压缩会期活动，共策划7类18项活动，内容涵盖学术交流、园林展示、文化创意、商业洽谈等多个方面，其中包含以百姓共享为特色的"大爱园博"系列主题活动。

在该活动中，开展了"百对婚礼"仪式，举办了朗诵大赛，邀请了退休老干部、先进道德模范、复兴区师生等游园欣赏，组织诗社、书画院、摄影师协会、自媒体、大V等进园创作采风，让人们领略了园博园的魅力，丰富了精神文化生活。

大爱园博，百对婚礼

为倡导文明婚俗，推动社会新风尚，2020年11月8日下午在邯郸园博园内举办了"大爱园博·百对婚礼"活动。该活动由邯郸市民政局牵头，复兴区民政局、复兴区总工会、复兴区园博办主办。邯郸市民政局四级调研员王树森和复兴区政府副区长郭安新出席活动并发表致辞。活动中为新人们颁发了倡导移风易俗社会新风尚"文明使者"奖，并举办了精彩绝伦的文艺表演。

诵读经典，畅游复兴

2020年11月6日，由中共复兴区委宣传部、复兴区文化广电和旅游局主办，复兴区图书馆、区园博办各乡镇街道文化站承办，邯郸市朗诵演讲艺术协会协办的"精彩园博·美丽复兴"复兴区第二届朗诵大赛在邯郸市园博园精彩开幕。

本次比赛复兴区各文化站共送选33名选手，通过前期的预赛，共有14名选手或组合进入了决赛。邯郸市文化广电和旅游局公共服务和非遗处处长段蔚、市图书馆副馆长李明霞、复兴区领导程楠及复兴区直各单位和经济开发区的主管领导，以及乡（镇）、街道负责同志参加活动。本次大赛分为团体奖和个人奖，经过激烈角逐，石化街道文化站获得团体一等奖，石化街道徐亮获得个人一等奖。

此次比赛让人们领略了园博园的魅力，丰富了市民群众的精神文化生活；挖掘并培养了邯郸民间文化人才，体现了复兴人民锐意进取的精神。让人们在经典诵读中品味复兴文化，畅游复兴美景。

万名师生进园博，礼赞复兴新变化

为深化复兴区中小学生综合素质评价改革，创新社会实践活动，打造研学旅行工作品牌，复兴区教育体育局以河北省第四届（邯郸）园林博览会召开为契机，开展"万名师生进园博"研学旅行活动，着力引导广大师生近距离欣赏复兴美景，感受复兴巨变，激发师生爱自然、爱复兴、爱邯郸、爱祖国的情感，全面提升学生核心素养。

进入邯郸园后，学生们认真观察，不时发出惊叹声，为家乡的变化而骄傲，为家乡的繁荣而自豪。之后还共同参观了石家庄园、秦皇岛园、衡水园等河北省地级市展园，加深了对河北地域特色文化的学习。

此次研学活动不仅丰富了课外生活，也激发了孩子们对家乡的热爱之情，让孩子们了解家乡的文化、家乡的变化；让孩子们感受到园林设计的美妙，更懂得了要为建设美丽邯郸而努力学习；还培养了孩子们在公共生活空间里对自我、对他人、对社会的责任意识，是一次成功的实践活动。

青山秀水游园博，九九重阳颂复兴

在恰值河北省邯郸园博会、邯郸市旅发大会胜利举办、中华传统佳节九九重阳节来临之际，邯郸市委老干部局联合复兴区委、区政府共同举办"青山秀水游园博，九九重阳颂复兴"文艺演出。复兴区邀请离退休老同志等300余人欢聚在美丽的园博园，助力园博旅发盛会，共同分享复兴高质量发展取得的显著成效。

邯郸市委组织部副部长、老干部局局长李红社同志参加活动，复兴区相关领导和广大离退休老同志等共同观看了精彩节目，复兴区委常委、组织部部长张丽英同志在文艺汇演上致辞。

由邯郸市老干部艺术团和复兴区五十弦民乐团编排的12个节目，包括歌舞、戏曲、器乐合奏、乐器独奏、时装秀、健身操等，节目精彩纷呈，现场掌声如潮，为复兴区老同志奉献了一场文化盛宴。

通过举办文艺汇演，让广大离退休老同志和五老人员了解复兴区经济发展和各项事业取得的长足进步，进一步激发了全区老同志对复兴区委、区政府再谱新篇章、再续新辉煌的信心。

V行邯郸，网媒采风

为充分展示河北省第四届邯郸园博会和第五届邯郸市旅发大会承办地的优美生态和大好风光，吸引更多网民关注邯郸发展，从而彰显邯郸魅力，展示邯郸成就，加快创建全域旅游示范区。2020年10月25日，由邯郸市委网信办主办、市自媒体协会承办的"魅力·V行邯郸"网媒采风交流活动正式启动。

邯郸市30余家自媒体深入邯郸复兴区园博园、广平赵王印象城等地进行采风。每到一地，自媒体人士用镜头、无人机等对准美好风景、陈列实物、演出场面，捕捉精彩瞬间，记录美好场景，反映时代精神。各自媒体人士结合自身优势，创作出一批适合网络传播、独具地域风格、视角独特的原创优秀网络作品，有力地传播了邯郸优秀文化。本次活动共有100余个媒体平台参与报道，创作各类新媒体作品达上百部，覆盖粉丝超2500万。

大美复兴，书画采风

2020年10月16日，在民革邯郸市中山书画院院长、汉风书社社长关建洲先生的带领下，一行十余人走进河北省第四届邯郸园博会园博园，开展艺术体验采风活动。

首先，在邯郸市复兴区领导和区城管执法局的陪同下，一行人参观了复兴园博园相关展馆，领略了大美复兴、环保复兴的青山绿水优美环境。随后，书画家们紧紧围绕游园观感开展书画笔会活动，以饱含激情的笔墨，赞美复兴区通过辛勤劳作为造福子孙后代承建的河北省第四届邯郸园博会园博园，并为邯郸市成功举办河北省第四届园博会感到骄傲与自豪。

河北邯郸先进模范畅游园博园

礼敬先进模范，弘扬德善力量。2020年10月10日，邯郸市精神文明建设委员会办公室（以下简称"文明办"）组织开展"先进模范畅游园博园"活动，来自全市的文明家庭、道德模范、身边好人代表近百人参加了此次活动。

此次邯郸市文明办邀请先进模范游览园博园，旨在向全社会弘扬道德力量和楷模精神，营造礼遇先进典型的浓厚氛围，形成崇尚模范、学习模范的社会风尚。活动中，代表们乘坐电瓶车观摩、游览了园博园内各地市主题园，领略了河北省不同城市风格的园林美景。在园内涧沟陈展馆，详细了解了邯郸市社会发展历史，感受邯郸发展变化。

文明家庭代表吕雪芳表示，市文明办组织此次活动非常好，不仅让他们愉悦了身心，感受到邯郸的绿色发展，而且也为文明家庭、道德模范、身边好人提供了一个交流、学习的机会。此次活动还有利于提升社会对文明家庭、先进模范的关注度，提高普通家庭的文明素质。

邯郸市女摄影家协会到园博园采风，用镜头记录精彩园博

2020年10月12日，邯郸市女摄影家协会32名影友们来到邯郸园博园，用手中的相机记录精彩园博、美丽复兴。复兴区的新发展、新变化激发了摄影家们的创作热情，纷纷拿出相机创作，不时变换姿势，寻找最佳角度，用镜头聚焦园博园内的生动场景。

永年太行诗社赴邯郸园博园采风

2020年11月26日，邯郸市永年太行诗社组织成员赴复兴区邯郸园博园开展采风活动。

诗社一行先后游览了邯郸馆、邯郸文化馆、河北省城市规划设计馆和古树名木展示园。古树名木展示园中近2000年的古树，令人叹为观止。诗友们还逐次游览了河北省12个市各具特色的园林馆，并游览了清渠如许、印塔夕照、青山画卷、浮光揽月、梦泽飞虹、工业遗风等园博十景。

其中，石家庄园、保定园、沧州园等地级市园，诗韵盎然，文化灿烂，引人入胜，荡漾在诗情画意中，令人心旷神怡，流连忘返。衡水园古朴沧桑，文化气息浓厚，群星璀璨，竞放异彩。此园内状元、榜眼、探花三门，引起了诗友们极大的兴趣，纷纷拍照留念。还有些诗友决心按照状元门的楹联"君子苦学礼乐六艺皆精，鸿鹄腾飞直登金榜首名"所述，苦练诗艺，当上真正的诗词状元。

此次采风，令诗友们增长了见识，触发了灵感，决心创作更多更好的诗词，提高诗创水平，为永年的文化建设做出更大的贡献。以下是此次采风中诗友们创作的部分诗歌。

初冬游邯郸园博园印象记
初冬料峭游博园，赵都西南景奇观。
昔日废渣污秽地，今时季绿意盎然。
冀内异域园中园，文化底蕴特色显。
曲妙泉喷迎客舞，瑶池为台娜娥现。
奇花异草不惧寒，青竹珍林醉迷眼。
怪石亭榭造型致，潭溪湖池梯势建。
栈道幽径廊蜿蜒，飞架盘旋触宇天。
锦绣云台空中悬，鸟瞰胜景无余览。
匠心慧塑生态复，巧夺天工魅无限。
山水画卷不虚传，艺术明珠耀冀南！

观诗友游园博园有感
初冬诗友游园来，闲庭信步看楼台。
山水风光如画卷，民俗印象忆昔海。
浮光揽月迎宾客，青葱花园尽风采。
工业遗风讲历史，赵都新韵谱新怀。

"精彩园博·十月花香"书画摄影作品展
WONDERFUL GARDEN EXPO · FLOWER FRAGRANCE IN OCTOBER: CALLIGRAPHY, PAINTING AND PHOTOGRAPHY EXHIBITION

2020·印象园博
HANDAN　Impression of Garden Expo

2020年10月29日，由邯郸市委宣传部与市文联共同组织的"精彩园博·十月花香"摄影展及书画作品展分别在园博园和墨耕园揭开帷幕。市委常委、宣传部部长丁伟出席活动。

此次活动以"决胜全面小康、决战脱贫攻坚、展示园博风采"为主题，发动艺术家创作了一批反映邯郸市在脱贫攻坚、园博园建设、全面建成小康社会取得辉煌成就的书画摄影作品。活动共展出了120件摄影作品、108件书画作品。其中，摄影作品包含园博园的自然景观和人文景观，邯郸市园林、园艺等多方面题材，为大家带来了视觉上的享受，激发了广大群众对邯郸的热爱之情。

丁伟指出，参展作品通过对身边人和事的感知、创作，展现邯郸群众生活美、自然生态美、城乡文化美，体现了艺术家深厚的创作功底。展览主题突出、特色鲜明，富有吸引力、感染力。他强调，要把"十月花香"文艺活动品牌擦亮叫响，进一步引导和发动全市广大文艺工作者深入生活、扎根人民，努力创作出更多更好的文艺作品，为建设富强文明美丽的现代化区域中心城市营造良好的文化氛围。

2020 . 印象园博
HANDAN　Impression of Garden Expo

邯郸市第五届旅发大会嘉宾观摩园博园
GUESTS OF THE 5TH HANDAN TOURISM INDUSTRY DEVELOPMENT CONFERENCE VISIT EXPO PARK

　　2020年9月29日，在志愿者和讲解员的带领下，邯郸市第五届旅发大会的嘉宾们来到邯郸园博园，参观了烛华园、儒乡园、花间伴、鸣凤园等城市展园和浮光揽月、青山画卷、清渠如许等特色景观。

　　烛华园的红色宫灯、花间伴的十大花镜、铭心园的下沉花园、冬梦园的冬梦花海把嘉宾带入了美的天堂。以《诗经》为主题的沧州园让嘉宾们感受到跨越2000年的诗歌魅力，以"溯古通今，传道受业。儒学之乡，学而求索"为主题的儒乡园唤醒了嘉宾们勤奋求学的青葱记忆，以"行宫文化"为主题的承贤园带领嘉宾穿越到古香古色的行宫中，探索皇家园林的秘密。

　　依托涧沟古村文化的涧沟陈展馆让嘉宾在邯郸的历史文化中徜徉，工业遗址园中的连廊和萌棚为嘉宾在游览疲惫之余带来了一份阴凉惬意的休闲。嘉宾们还登上清渠如许的"锦绣云台"俯瞰水湿地净化流程，同时饱览园内各区风光。

　　作为邯郸市第五届旅发大会复兴区四大区域之一，园博园受到各级领导的高度重视和社会各界的高度关注。游览完毕后嘉宾们纷纷表示，邯郸园博园内无论是城市展园还是特色景观，无不显示出自然的美感，令人赏心悦目。在园博园中游览犹如在画中行走，画中景色美不胜收。

河北省第四届（邯郸）园林博览会闭幕式
CLOSING CEREMONY OF THE 4TH (HANDAN) GARDEN EXPO IN HEBEI PROVINCE

杨文立
河北省住房和城乡建设厅
总规划师

李贤明
河北省住房和城乡建设厅
副厅长

王彦清
邯郸市副市长

杨华森
唐山市委常委、副市长

　　从斑斓金秋到微寒初冬，历时2个多月的河北省第四届（邯郸）园林博览会暨第三届河北国际城市规划设计大赛于11月28日圆满落下帷幕。河北省住房和城乡建设厅副厅长李贤明讲话并宣布闭幕，河北省住房和城乡建设厅总规划师杨文立主持。邯郸市副市长王彦清，唐山市委常委、副市长杨华森出席并致辞。

　　李贤明指出，河北省委、省政府高度重视园博会和城市规划设计大赛，在省领导的关心指导下，在邯郸市委、市政府的精心组织下，在各市各部门的共同努力下，各项工作有序推进，各项活动取得圆满成功。今年是"十三五"规划的收官之年，又面临突如其来的新冠疫情考验，本届会赛的成功举办，弘扬了伟大的抗疫精神，所取得的规划建设成果，很好地展示了河北省生态文明建设的新成就，为工业污染区环境治理提供了新的示范样板。

　　王彦清表示，本届园博会的成功举办，离不开省委、省政府的坚强领导，离不开省住房和城乡建设厅、省自

河北省第四届（邯郸）园林博览会
The 4th (Handan) Garden Expo of Hebei Province

然资源厅的鼎力支持，更离不开各专家团队、兄弟城市和参建单位的辛勤付出。本届园博会围绕"山水邯郸，绿色复兴"主题，以"生态、共享、创新、精彩"为目标，充分借鉴历届园博会举办的成功经验，坚持"节俭办会、安全办会"，压缩会期，克服疫情，创新办会形式，以生动的实践、灵动的形式，诠释了全省上下贯彻落实习近平生态文明思想的成果，谱写了一曲绿色转型、生态发展的时代赞曲。下一步将把园博园作为综合性城市公园永久保留，面向公众开放，进一步优化功能、完善管理、丰富业态，持续发挥生态效应，真正把园博会打造成"永不落幕"的生态发展、高质量发展盛会。

本届园博会遵循"城市双修、乡村振兴"发展理念，将"上山入水、因地用势、博古通今、溯源启新"的整体设计思路贯穿全园，在重工业区建成占地面积约

河北省第四届（邯郸）园林博览会
The 4th (Handan) Garden Expo of Hebei Province

2020年9月 共享美好生活

120hm²，包括7大功能分区、21个特色展园的大型城市公园。期间共举办7大类18项活动，涵盖学术交流、园林展示、技能竞赛等多方面，呈现了一届精彩纷呈、别具一格的园博盛会。

本届园博会是推进城市高质量发展的重要举措，致力生态基底修复、绿色环境重塑，将昔日的废弃矿场、采石场、水渣场变身为一处处美景，成了"城市花园"，催生城市蝶变；吸收使用"新科技、新材料、新工艺"，推进绿色邯郸的建设；厚植生态底色，建设生态保护专题馆，见证着一座城市的历史文化；搭建共享平台，让各具特色的园林艺术在邯郸集中汇聚，让燕赵文化在邯郸大地集中绽放；提升周边土地价值，实现清新明亮的城市转型、乡村转型和文化振兴。

自开园以来，累计接待游客60多万人，仅国庆中秋"双节"期间，便吸引了周边3省10余市超过20万人的客流量，一跃成为"网红"打卡地和周边群众的休闲地。

同期举办的第三届河北国际城市规划设计大赛，以邯钢搬迁为契机，邀请了国内外多个知名专家学者和院士领衔的大师团队，吸引了国内外一流高校在校大学生和知名设计机构青年设计师，收获了众多具有世界眼光、符合国际标准的设计方案，必将为推动邯郸乃至全省城市的高质量发展发挥有力的促进作用。

闭幕式上，还通报了园博会和规划设计大赛相关情况；播放了河北省第五届园林博览会暨第四届河北国际城市规划设计大赛宣传片；邯郸市与唐山市举行了河北省园博会会旗交接仪式；邯郸市与石家庄市等12个城市签订了展园交接书。

第五届河北省园林博览会将于2021年6月26日至10月18日在唐山举办。以"英雄城市·花舞唐山"为主题，以推动城市转型、实现高质量发展为目标，综合利用唐山花海生态修复的环境实施建设，突出生态修复、智慧安全和永续发展特色。

河北省第四届（邯郸）园林博览会会歌
THE ANTHEM OF THE 4TH (HANDAN) GARDEN EXPO IN HEBEI PROVINCE

绿水青山不了情

（王盼华演唱）

邵　源 词
赵梦鹤 曲

1=G 2/4 ♩=72

(1·1 75 | 6·5 | 66 12 | 3 - | 56 73 | 2 17 | 6 - | 6 -)

3 3 6 | 2 1 7 6 | 2 1 2 3 1 | 6 - | 2 2 6 | 1·2 3 5 | 6 5 1 2 4 | 3 -
走进那 磁　山，追　　寻 追寻你 八千年的 文　　明，
漫步那 沁河 湾，陶　　醉 陶醉你 美丽的 心　　灵，

6 6 3 | 2 3 2 1 | 6·1 3 2 1 | 2 - | 3 5 6 | 2·2 2 1 | 5 3 5 7 5 | 6 -
登临那 丛　台 展　　望 啊，展望你 三千年的 古　　城。
园林 佳　境 知　多　少，尽与你 在 这里 相　　逢。

3 6 6 5 | 6·3 | 7 6 7 6 5 | 6 - | 7 6 7 | 6 5 1 2 4 | 3 - | 3 -
岁月 带不 走　啊 骄傲和 光　荣，带不走 骄傲和 光　荣，
渤海湾的 风　啊 燕山 太行 情，燕山 太　行　情，

3 6 6 6 3 | 2 (1 2) | 2 5 5 2 | 1 (3 1) | 5 5 6 7 3 | 2 5 1 7 | 6 - | 6 -
灿烂的 文　化 四海传颂，灿烂的文化 四海传 颂。
田园 寄乡 愁，亭台 立花 丛，亭　台 立 花 丛。

1·1 7 6 5 | 6·5 | 6 6 1 2 | 3 2 3· | 1 1 2 3 1 | 7 6 5 1 2 | 3 - | 3 -
一个 伟　人 曾 预言你要 复兴，这就是 今天 我们 追寻的 梦，
绿水 青　山 啊 一步一 景，燕赵 儿女 绘就 锦秀丹 青，

3 6 6 3 | 2 (1 2) | 2 5 5 2 | 1 3 2 1) | 5·6 7 3 | 2 5 1 7 | 6 - | 6 -
复兴 在邯　郸，邯郸 正复　兴，辽阔 冀南 春意正 浓。
相约 在邯　郸，邯郸 再相　逢，绿水 青山 不了 情。

D.S

结束句

1·2 3 5 | 7 - | 7 - | 7 - | 6 7 5 | 5 - | 6 - | 6 - | 6 - | 6 - | 6 0 ‖
绿水 青　山 　　　　　　　不 了 　情。